# 玉环水生植被

项长友　池方河　主编

Zhejiang University Press
浙江大学出版社
·杭州·

**图书在版编目（CIP）数据**

玉环水生植被 / 项长友, 池方河主编. -- 杭州：
浙江大学出版社, 2023.1
ISBN 978-7-308-23215-9

Ⅰ.①玉… Ⅱ.①项… ②池… Ⅲ.①水生植物—介
绍—玉环 Ⅳ.①Q948.8

中国版本图书馆CIP数据核字（2022）第202296号

**玉环水生植被**

项长友　池方河　主编

| | | |
|---|---|---|
| 责任编辑 | 沈国明 | |
| 责任校对 | 冯其华 | |
| 封面设计 | 刘依群 | |
| 出版发行 | 浙江大学出版社 | |
| | （杭州市天目山路148号　邮政编码310007） | |
| | （网址：http://www.zjupress.com） | |
| 排　　版 | 浙江时代出版服务有限公司 | |
| 印　　刷 | 杭州钱江彩色印务有限公司 | |
| 开　　本 | 787mm×1092mm　1/16 | |
| 印　　张 | 11.5 | |
| 字　　数 | 260千 | |
| 版 印 次 | 2023年1月第1版　2023年1月第1次印刷 | |
| 书　　号 | ISBN 978-7-308-23215-9 | |
| 定　　价 | 60.00元 | |

# 编委会名单

主　编：项长友　池方河

副主编：蔡秀德　王金旺　钟雨辰

编　委：韦博良　王金旺　尤　镁　池方河

　　　　项长友　周文婕　钟雨辰　钟毓萍

　　　　翁昌露　褚力萦　蔡秀德

摄　影：池方河　王金旺　丁炳扬　钟雨辰

　　　　项长友　蔡秀德　翁昌露　于明坚

主编单位：台州市生态环境局玉环分局

　　　　　玉环市林业技术推广中心

FOREWORD 前言

　　玉环市地处浙江省东南部,河网密布,生长着丰富的水生植被和植物。2020—2021年,我们采用样带法,对玉环市主要河流的水生植被进行了调查,并记录了各类水域常见的维管植物。本书根据调查数据,将玉环常见水生植被划分为32个群丛类型,并对其基本特征和分布状况进行了阐述,同时以图文并茂的形式介绍了调查记录的水生、湿生和中生植物共125种,使读者了解玉环水生植被和植物的多样性,提高生物多样性保护意识,并为相关管理部门和行业专家实施水生态修复工程提供基础资料。因此,《玉环水生植被》既是一本研究、保护和管理的重要工具书,也是一本面向普通大众的宣传和科普手册。

　　水生植被是指在水域及其附近分布的植物群落,其中的维管植物(含种子植物和蕨类植物)有沉水植物、浮叶植物、漂浮植物、挺水植物、湿生植物和中生植物。水生植被的恢复与重建在淡水生态系统的稳态转化(从浊水到清水)中具有重要作用,是水生态修复的主要措施。在近几年河道大面积清淤、水生植被遭到较严重破坏的情况下,及时开展水生植被调查,有利于物种的保护,在当前水质提升阶段优先采用本地物种、防止外地物种入侵等方面具有非常重要的现实意义。

　　本书在编辑过程中,在野外调查和种类鉴定中得到了丁炳扬教授和于明坚教授的大力支持和精心指导,在此,本书编写组表示衷心的感谢。由于编者专业技术水平限制,书中难免有不足和疏漏及差错之处,敬请读者不吝赐教和批评指正。

# 目 录

第1章　玉环水生植被分类　　　　　　　　　　　　　　 / 001

第2章　植被类型及特征　　　　　　　　　　　　　　　 / 007

　　　第1节　湿生植被　　　　　　　　　　　　　　　 / 008

　　　第2节　挺水植被　　　　　　　　　　　　　　　 / 017

　　　第3节　漂浮植被　　　　　　　　　　　　　　　 / 032

　　　第4节　沉水植被　　　　　　　　　　　　　　　 / 036

第3章　植物图谱　　　　　　　　　　　　　　　　　　 / 037

　　　01　菖蒲科 Acoraceae　　　　　　　　　　　　　 / 038

　　　02　苋　科 Amaranthaceae　　　　　　　　　　　 / 039

　　　03　伞形科 Apiaceae　　　　　　　　　　　　　　 / 042

　　　04　天南星科 Araceae　　　　　　　　　　　　　 / 045

　　　05　菊　科 Asteraceae　　　　　　　　　　　　　 / 047

　　　06　十字花科 Brassicaceae　　　　　　　　　　　 / 060

　　　07　美人蕉科 Cannaceae　　　　　　　　　　　　 / 061

　　　08　石竹科 Caryophyllaceae　　　　　　　　　　 / 062

　　　09　藜　科 Chenopodiaceae　　　　　　　　　　　 / 063

　　　10　鸭跖草科 Commelinaceae　　　　　　　　　　 / 069

　　　11　葫芦科 Cucurbitaceae　　　　　　　　　　　　 / 072

　　　12　莎草科 Cyperaceae　　　　　　　　　　　　　 / 073

　　　13　大戟科 Euphorbiaceae　　　　　　　　　　　　 / 080

　　　14　蝶形花科 Papilionaceae　　　　　　　　　　　 / 083

　　　15　牻牛儿苗科 Geraniaceae　　　　　　　　　　　 / 085

　　　16　小二仙草科 Haloragaceae　　　　　　　　　　 / 086

　　　17　水鳖科 Hydrocharitaceae　　　　　　　　　　 / 089

18 鸢尾科 Iridaceae / 091

19 灯心草科 Juncaceae / 092

20 唇形科 Lamiaceae / 093

21 浮萍科 Lemnaceae / 097

22 睡菜科 Nymphaeaceae / 099

23 大麻科 Cannabaceae / 100

24 莲 科 Nelumbonaceae / 101

25 睡莲科 Nymphaeaceae / 102

26 柳叶菜科 Onagraceae / 103

27 禾本科 Poaceae / 104

28 蓼 科 Polygonaceae / 138

29 雨久花科 Pontederiaceae / 144

30 马齿苋科 Portulacaceae / 146

31 眼子菜科 Potamogetonaceae / 148

32 报春花科 Primulaceae / 150

33 毛茛科 Ranunculaceae / 151

34 红树科 Rhizophoraceae / 154

35 玄参科 Scrophulariaceae / 155

36 茄 科 Solanaceae / 158

37 菱 科 Trapaceae / 159

38 香蒲科 Typhaceae / 160

39 马鞭草科 Verbenaceae / 161

40 葡萄科 Vitaceae / 162

第4章 植物名录 / 163

附 录 玉环常见外来入侵水生、湿生植物 / 171

第 1 章

玉环水生植被分类

植被是覆盖地表的植物群落的总称，而植物群落是在一定地段内，具有一定的植物种类组成、外貌和空间结构，各种植物之间及植物与环境之间彼此影响、相互作用的植物群体组合单元，是植被的结构单元。但植物群落是个一般概念，并非分类单位。要深入地研究植物群落，就需要在研究其结构和生境等的基础上，把多种多样的植物群落根据一定的标准和特征进行分类。植物群落的分类工作既可以在理论上阐明植物群落间的联系和区别，又可根据群落的划分类型，评估其生产潜力和其所指示的环境条件，为生产实践提供一定的科学依据。

水生植被分类主要受法瑞学派和英美学派的影响。水生植被研究虽然已取得一定进展，但其理论体系和方法相对于陆生植被还有很大差距，且目前还没有一个能被普遍接受的水生植被分类系统。根据《中国植被》一书的分类原则，本书进行植被划分的主要分类单位有三级，即植被型（高级单位）、群系（中级单位）和群丛（基本单位）。每一级分类单位之上各设一个辅助单位，即植被型组、群系组与群丛组。在某些主要分类单位之下还会设亚级，如植被亚型、亚群系等。各级分类单位的具体划分标准阐述如下。

植被型组：主要依据植被的外貌特征和综合生态条件进行划分，凡是建群种生活型相近并且群落的形态外貌相似的植物群落联合为植被型组。

植被型：在植被型组内，建群种或优势层植物生活型组成相同或相近，同时对水热条件生态关系一致的植物群落联合即为植被型，它们各自反映了一定的生物气候带。

群系组：在植被型或植被亚型范围内，建群种亲缘关系近似（同属或相近属）、生活型近似或生境相近，和多个植物种经常形成共优势组合的植物群落联合即为群系组。

群系：建群种或主要共建种相同的植物群落联合即为群系，如果群落具有共建种，则称为共建种群系。

群丛：凡是层片结构相同，各层片的优势种或共优势种相同的植物群落联合为群丛。

水生植物具有不同的生活型类群，包括湿生植物、沉水植物、挺水植物、浮叶植物、

漂浮植物和中生植物。根据实际调查结果，参照植被类型划分标准，可将玉环常见水生植被划分为四个植被型：湿生植被、挺水植被、漂浮植被和沉水植被，再依据调查所得的重要值结果对群系和群丛进行进一步的划分。

　　根据玉环水生植被调查的结果，按照植被划分标准，建立的玉环常见水生植被分类系统如下。

# 玉环常见水生植被分类系统

植被型组——水生植被

　植被型Ⅰ——湿生植被

　　群系　1.1　白茅群系

　　　群丛　大白茅+芦苇群丛

　　群系　1.2　芦苇群系

　　　群丛　1.2.1　芦苇群丛

　　　群丛　1.2.2　芦苇–喜旱莲子草群丛

　　群系　1.3　天胡荽群系

　　　群丛　南美天胡荽+大花美人蕉群丛

　　群系　1.4　鸭跖草群系

　　　群丛　饭包草+喜旱莲子草群丛

　　群系　1.5　铺地黍群系

　　　群丛　铺地黍+喜旱莲子草–浮萍群丛


　植被型Ⅱ——挺水植被

　　群系　2.1　双穗雀稗群系

　　　群丛　2.1.1　双穗雀稗群丛

　　　群丛　2.1.2　双穗雀稗+无芒稗群丛

　　群系　2.2　菰群系

　　　群丛　菰+喜旱莲子草+蚕茧草群丛

群系　2.3　粉绿狐尾藻群系

　群丛　粉绿狐尾藻+铺地黍群丛

群系　2.4　假稻群系

　群丛　2.4.1　假稻群丛

　群丛　2.4.2　假稻+南美天胡荽群丛

群系　2.5　莲群系

　群丛　莲群丛

群系　2.6　莲子草群系

　群丛　2.6.1　喜旱莲子草群丛

　群丛　2.6.2　喜旱莲子草+双穗雀稗+鹅观草群丛

　群丛　2.6.3　喜旱莲子草+菰+假稻群丛

　群丛　2.6.4　喜旱莲子草+大白茅群丛

　群丛　2.6.5　喜旱莲子草+睫毛牛膝菊+葎草群丛

　群丛　2.6.6　喜旱莲子草+鬼针草+草木樨群丛

　群丛　2.6.7　喜旱莲子草+葎草+铺地黍群丛

群系　2.7　米草群系

　群丛　2.7.1　互花米草群丛

　群丛　2.7.2　互花米草+棒头草群丛

群系　2.8　香蒲群系

　群丛　2.8.1　水烛–大藻群丛

　群丛　2.8.2　水烛–喜旱莲子草群丛

　群丛　2.8.3　水烛+芦苇–喜旱莲子草群丛

群系　2.9　薹草群系

　群丛　糙叶薹草群丛

群系　2.10　盐角草群系

　群丛　盐角草群丛

群系　2.11　秋茄树群系

　群丛　秋茄树群丛

植被型Ⅲ——漂浮植被

　　群系　3.1　大薸群系

　　　群丛　大薸群丛

　　群系　3.2　浮萍群系

　　　群丛　浮萍群丛

　　群系　3.3　凤眼蓝群系

　　　群丛　凤眼蓝群丛


植被型Ⅳ——沉水植被

　　群系　眼子菜群系

　　　群丛　菹草群丛

第 2 章

植被类型及特征

# 第1节　湿生植被

## 1.1　白茅群系

玉环市的白茅群系建群种为大白茅，大白茅属禾本科，白茅属，多年生草本，株高 25 ~ 90cm，具 2 ~ 4 节，节具长 2 ~ 10mm 的白柔毛，长根状茎横走多节，且被鳞片。其适应性强，生态幅广，为我国南部各省草地的优势植物，常生长于季节性积水向较干燥过渡的生境。大白茅根状茎含果糖、葡萄糖等，味甜可食，茎叶为牲畜牧草，秆为造纸的原料。该群系有 1 个群丛，为大白茅 + 芦苇群丛。

　　大白茅＋芦苇群丛主要分布在玉环市漩门湾的玉环湖流域，该生境属消落区，季节性水位波动较大，枯水期时间长，较湿润的生境常年无积水，以大白茅和芦苇为优势种，组成物种的生态类型主要包括湿生、挺水和中生 3 类。湿生植物有大白茅、芦苇、棒头草、鳢肠、齿果酸模、钻叶紫菀、羊蹄等，挺水植物有喜旱莲子草和莲等，中生植物有龙葵和鹅观草等。

**白茅群系**

## 1.2  芦苇群系

芦苇隶属禾本科，芦苇属，多年生草本，秆直立，高 1 ~ 3m，具 20 多节，基部和上部的节间较短，最长节间位于下部第 4 ~ 6 节，根状茎十分发达。该物种为全球广泛分布的多型种，生长于除森林生境外的各种有水源的空旷地带，繁殖能力强、扩增速度快，常形成连片的芦苇群落。由于其根状茎发达，是固堤造陆先锋环保植物，秆为造纸原料或作编席织帘及建棚材料，嫩茎、嫩叶可作饲料。玉环市的芦苇群系建群种为芦苇，常形成单优的群落，也见与其他植物构成共优的群落，该群系有 2 个群丛，为芦苇群丛和芦苇 – 喜旱莲子草群丛。

### 1.2.1  芦苇群丛

芦苇群丛主要分布在玉环市普竹闸的外塘河流域，以芦苇为优势种，群落组成物种的生态类型主要包括湿生、漂浮、挺水和中生 4 类。湿生植物有芦苇、鬼针草、蚕茧草、齿果酸模和钻叶紫菀等，漂浮植物有浮萍等，挺水植物有喜旱莲子草等，中生植物有草木樨和台湾翅果菊等。

芦苇群系

### 1.2.2　芦苇–喜旱莲子草群丛

芦苇–喜旱莲子草群丛主要分布在玉环市永丰闸的榴榕河流域和富有闸的南大岙河流域，以芦苇和喜旱莲子草为优势种，其中喜旱莲子草是我国较为常见的入侵植物，该群落组成物种的生态类型主要包括挺水、湿生和中生3类。挺水植物有喜旱莲子草和水烛等，湿生植物有芦苇、铺地黍、田菁、大狼杷草、芋、鬼针草、蚕茧草、齿果酸模、大白茅、扁秆荆三棱、饭包草、鸭跖草、钻叶紫菀等，中生植物有狗尾草、飞扬草、台湾翅果菊、牛筋草、窃衣、艾蒿、益母草、草木樨、迷迭香和芒等。

## 1.3　天胡荽群系

玉环市的天胡荽群系建群种为南美天胡荽。南美天胡荽属伞形科，天胡荽属，多年生草本，茎蔓性，株高5～15cm，节上常生根，叶圆盾形，边缘波状，绿色，光亮，小花白色。

因其叶形状似小荷叶，极为美观，且适生性极强，常用于公园、绿地、庭院水景绿化，多植于浅水或湿地，也可盆栽用于室内装饰，一般均为人工种植植物。该群系有 1 个群丛，为南美天胡荽 + 大花美人蕉群丛。

天胡荽群系

南美天胡荽＋大花美人蕉群丛主要分布在玉环市前王闸的前王河流域，以南美天胡荽和大花美人蕉为优势种，群落以人工植被为主，组成物种的生态类型主要包括挺水、湿生、漂浮和中生4类。挺水植物有南美天胡荽和喜旱莲子草等，湿生植物有钻叶紫菀、芦苇、鬼针草、绵毛酸模叶蓼和齿果酸模等，漂浮植物有浮萍等，中生植物有大花美人蕉等。

## 1.4　鸭跖草群系

玉环市的鸭跖草群系建群种为饭包草。饭包草属鸭跖草科，鸭跖草属，多年生草本，茎大部分匍匐，节生根，上部及分枝上部上升，长达70cm，被疏柔毛，叶片卵形，有柄。该群系有1个群丛，为饭包草＋喜旱莲子草群丛。

鸭跖草群系

饭包草＋喜旱莲子草群丛主要分布在玉环市九子岙的新塘河流域，以饭包草和喜旱莲子草为优势种，其中喜旱莲子草是我国较为常见的入侵植物，组成物种的生态类型主要包括挺水、漂浮、湿生和中生 4 类。挺水植物有喜旱莲子草等，漂浮植物有浮萍等，湿生植物有齿果酸模、鬼针草、香附子、蚕茧草、饭包草、钻叶紫菀等，中生植物有藿香蓟、飞扬草、马齿苋、龙葵、铁苋菜和鹅观草等。

## 1.5　铺地黍群系

玉环市的铺地黍群系建群种为铺地黍。铺地黍属禾本科，黍属，多年生草本，根茎粗壮发达，秆直立坚挺，高 50 ～ 100cm，叶鞘光滑，边缘被纤毛。其繁殖力特强，且根系发达，可作高产牧草，但亦是难除杂草之一。该群系有 1 个群丛，为铺地黍＋喜旱莲子草 – 浮萍群丛。

铺地黍群系

　　铺地黍 + 喜旱莲子草 – 浮萍群丛主要分布在玉环市芳斗村的芳斗河流域，以铺地黍、喜旱莲子草和浮萍为优势种，其中喜旱莲子草是我国较为常见的入侵植物，组成物种的生态类型主要包括湿生、挺水和漂浮 3 类。湿生植物有铺地黍等，挺水植物有喜旱莲子草等，漂浮植物有浮萍等。

**铺地黍群系**

# 第2节 挺水植被

## 2.1 双穗雀稗群系

玉环市的双穗雀稗群系建群种为双穗雀稗。双穗雀稗属禾本科，雀稗属，多年生草本，匍匐茎横走、粗壮，可达 1m，向上直立部分高 20 ~ 50cm，节生柔毛。广布于热带至温带地区，常生于潮湿生境。因其可作饲料，曾作为优良牧草栽培，但在局部地区易成为导致作物减产的恶性杂草。该群系有 2 个群丛，为双穗雀稗群丛和双穗雀稗 + 无芒稗群丛。

双穗雀稗群系

### 2.1.1  双穗雀稗群丛

双穗雀稗群丛主要分布在玉环市珠港大桥的玉坎河流域，以双穗雀稗为优势种，组成物种的生态类型主要包括挺水、湿生、漂浮和中生4类。挺水植物有喜旱莲子草等，湿生植物有双穗雀稗、羊蹄、鬼针草、钻叶紫菀、鸭跖草、齿果酸模等，漂浮植物有大薸，中生植物有艾蒿、地锦草等。

### 2.1.2  双穗雀稗+无芒稗群丛

双穗雀稗+无芒稗群丛主要分布在玉环市玉环湖三桥的玉环湖流域，以双穗雀稗和无芒稗为优势种，组成物种的生态类型主要包括湿生、挺水、漂浮和中生4类。湿生植物有双穗雀稗、芦苇、无芒稗、绵毛酸模叶蓼、铺地黍和齿果酸模，挺水植物有水芹、喜旱莲子草等，漂浮植物有大薸和凤眼蓝等，中生植物有毛马唐、牛筋草、灰绿藜和莲子草等。

## 2.2  菰群系

玉环市的菰群系建群种为菰。菰属禾本科，菰属，多年生草本，具匍匐根状茎，须根粗壮，秆高大直立，高1～2m，具多数节，基部节上生不定根。全株可做优良饲料，因其根系发达，也是固堤造陆的先锋植物，秆基嫩茎被真菌寄生后，粗大肥嫩，称茭瓜，可作为蔬菜，具有较高的经济价值，各地有栽培，常逸生。该群系有1个群丛，为菰+喜旱莲子草+蚕茧草群丛。

菰+喜旱莲子草+蚕茧草群丛主要分布在玉环市海山乡的丰门塘河流域，以菰、喜旱莲子草和蚕茧草为优势种，其中喜旱莲子草是我国较为常见的入侵植物，组成物种的生态类型主要包括漂浮、挺水、沉水、湿生和中生5类。漂浮植物有浮萍等，挺水植物有菰、喜旱莲子草、假稻等，沉水植物有菹草等，湿生植物有蚕茧草、羊蹄、棒头草、芋和铺地黍等，中生植物有鹅观草等。

菰群系

## 2.3　粉绿狐尾藻群系

　　玉环市的粉绿狐尾藻群系建群种为粉绿狐尾藻。粉绿狐尾藻属小二仙草科，狐尾藻属，多年生挺水或沉水草本，雌雄异株，植株长度 50 ~ 80cm，茎上部直立，下部具有沉水性。原产南美，因其株形美观，叶色清新，习性强健，多用于水体或岸边湿地成片种植，景观效果极佳，但其生长快，有一定的入侵性。该群系有 1 个群丛，为粉绿狐尾藻 + 铺地黍群丛。

**粉绿狐尾藻群系**

粉绿狐尾藻＋铺地黍群丛主要分布在玉环市芳社村垂钓中心的芳斗河流域，以粉绿狐尾藻和铺地黍为优势种，组成物种的生态类型主要包括挺水、沉水、湿生、漂浮、浮叶根生和中生6类。挺水植物有粉绿狐尾藻、喜旱莲子草和菰等，沉水植物有穗状狐尾藻等，湿生植物有铺地黍、绵毛酸模叶蓼和羊蹄等，漂浮植物有凤眼蓝和大薸等，浮叶根生植物有欧菱等，中生植物有鹅观草等。

# 2.4　假稻群系

玉环市的假稻群系建群种为假稻。假稻属禾本科，假稻属，多年生草本，株高60～80cm，节密生倒毛，秆下部伏卧地面，节生多分枝的须根。该群系有2个群丛，为假稻群丛、假稻＋南美天胡荽群丛。

### 2.4.1　假稻群丛

假稻群丛主要分布在玉环市扫帚村的芳社河流域和十五亩村的古顺河直河三流域，以假稻为优势种，组成物种的生态类型主要包括湿生、挺水和中生3类。湿生植物有无辣蓼、棒头草、钻叶紫菀、大狼杷草、蔺草、禺毛茛、大白茅、小旱稗、丁香蓼、鸭跖草、饭包草、芋和羊蹄等，挺水植物有假稻、灯心草、水苦荬、水烛、喜旱莲子草等，中生植物有看麦娘、萹草、马齿苋、铁苋菜、龙葵、刺苋、牛筋草和飞扬草等。

### 2.4.2　假稻+南美天胡荽群丛

假稻＋南美天胡荽群丛主要分布在玉环市海山乡的大塘河流域，以假稻和南美天胡荽为优势种，其中南美天胡荽为人工种植植物，组成物种的生态类型主要包括挺水、湿生和中生3类。挺水植物有假稻、南美天胡荽、喜旱莲子草、菖蒲等，湿生植物有钻叶紫菀、棒头草和羊蹄等，中生植物有大花美人蕉、龙葵、五节芒和小蓬草等。

假稻群系

## 2.5　莲群系

　　玉环市的莲群系建群种为莲。莲属莲科，莲属，多年生草本，根状茎（藕）横生，肥厚，节间膨大，内有多数纵行通气孔道，节部缢缩，上生黑色鳞叶，下生须状不定根，叶圆形，盾状，全缘稍呈波状，花美丽芳香，花瓣红色、粉红色或白色。具有较高的观赏价值和经济价值，根状茎可作蔬菜或提制淀粉，种子可供食用，叶子可作为茶的代用品，多为人工种植。该群系有 1 个群丛，为莲群丛。

　　莲群丛主要分布在玉环市五一村的小古顺河流域，以莲为优势种，为栽培植物，该群落主要为人工植被，组成物种的生态类型主要包括挺水、漂浮、湿生和中生 4 类。挺水植物有莲、稗、喜旱莲子草、水烛等，漂浮植物有浮萍等，湿生植物有大狼杷草、稗、香附子、绵毛酸模叶蓼、饭包草、鬼针草、大牛鞭草和鳢肠等，中生植物有毛马唐、莎草、牛筋草、飞扬草、马齿苋、狗牙根、鹅观草、龙葵和台湾翅果菊等。

莲群系

## 2.6 莲子草群系

玉环市的莲子草群系建群种为喜旱莲子草。喜旱莲子草属苋科，莲子草属，多年生草本，茎基部匍匐，上部上升，长 55 ~ 120cm，具分枝。原产于巴西，我国引种后逸于野外，是我国较为常见的生物入侵物种。全株可入药，可作饲料。该群系共有 4 类、7 个群丛，分别为由喜旱莲子草为单优植物的喜旱莲子草群丛、由喜旱莲子草与湿生禾草植物组成的喜旱莲子草 + 双穗雀稗 + 鹅观草群丛、喜旱莲子草 + 菰 + 假稻群丛、喜旱莲子草 + 大白茅群丛，由喜旱莲子草和中生杂草组成的喜旱莲子草 + 睫毛牛膝菊 + 葎草群丛、喜旱莲子草 + 鬼针草 + 草木樨群丛，以及由喜旱莲子草和中生杂草与湿生禾草组成的喜旱莲子草 + 葎草 + 铺地黍群丛。

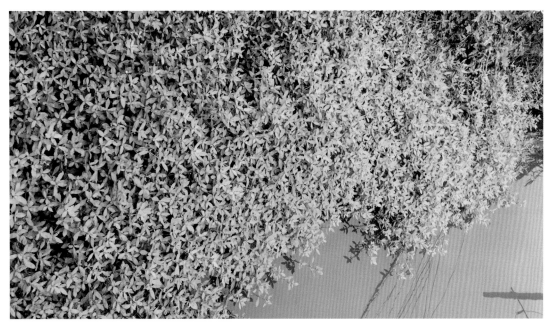

莲子草群系

### 2.6.1　喜旱莲子草群丛

喜旱莲子草群丛主要分布在玉环市前王闸的前王河流域、新东风桥的龙王河流域和漩门湾的玉环湖流域，以喜旱莲子草为优势种，组成物种的生态类型主要包括挺水、湿生、漂浮和中生4类。挺水植物有喜旱莲子草和南美天胡荽等，湿生植物有双穗雀稗、大白茅、芦苇、棒头草、齿果酸模、鸭跖草、无芒稗、钻叶紫菀、鳢肠和铺地黍等，漂浮植物有浮萍、凤眼蓝和大薸等，中生植物有铁苋菜、牛筋草、鹅观草、乌蔹莓和台湾翅果菊等。

### 2.6.2　喜旱莲子草+双穗雀稗+鹅观草群丛

喜旱莲子草+双穗雀稗群丛主要分布在玉环市金山水闸的东塘河流域，以喜旱莲子草、双穗雀稗和鹅观草为优势种，组成物种的生态类型主要包括挺水、湿生和中生3类。挺水植物有喜旱莲子草等，湿生植物有双穗雀稗、鬼针草、羊蹄、大狼耙草、棒头草、猫爪草、齿果酸模、蚕茧草和斑茅等，中生植物有鹅观草、五节芒和狗牙根等。

### 2.6.3　喜旱莲子草+菰+假稻群丛

喜旱莲子草+菰群丛主要分布在玉环市古顺村的古顺河流域，以喜旱莲子草、菰和假稻为优势种，组成物种的生态类型主要包括漂浮、挺水、湿生和中生4类。漂浮植物有浮萍等，挺水植物有喜旱莲子草、菰和水烛等，湿生植物有假稻、铺地黍、鳢肠、芋、大牛鞭草、无辣蓼、莴草、齿果酸模、棒头草、短叶水蜈蚣和双穗雀稗等，中生植物有鹅观草等。

### 2.6.4　喜旱莲子草+大白茅群丛

喜旱莲子草+大白茅群丛主要分布在玉环市楚门镇的南门支一河流域，以喜旱莲子草和大白茅为优势种，组成物种的生态类型主要包括湿生、挺水和中生3类。湿生植物有大白茅、大狼耙草、齿果酸模和棒头草等，挺水植物有喜旱莲子草和稗等，中生植物有鸭跖草、飞扬草、莔草、土人参、台湾翅果菊、黄鹌菜和小蓬草等。

### 2.6.5　喜旱莲子草+睫毛牛膝菊+葎草群丛

喜旱莲子草 + 睫毛牛膝菊 + 葎草群丛主要分布在玉环市三合潭河流域，以喜旱莲子草、睫毛牛膝菊和葎草为优势种，组成物种的生态类型主要包括挺水、浮叶根生、湿生和中生4 类。挺水植物有喜旱莲子草、水苦荬等，浮叶根生植物有鸡冠眼子菜等，湿生植物有雀稗、碎米荠、鸭跖草、齿果酸模、羊蹄和棒头草等，中生植物有睫毛牛膝菊、葎草、毛马唐、龙葵、鹅观草、土荆芥、牛筋草、野老鹳草、藿香蓟、刺苋、风轮菜和马齿苋等。

### 2.6.6　喜旱莲子草+鬼针草+草木樨群丛

喜旱莲子草 + 鬼针草 + 草木樨群丛主要分布在玉环市龙王闸的龙王河流域，以喜旱莲子草、鬼针草和草木樨为优势种，组成物种的生态类型主要包括挺水、湿生、漂浮和中生4 类。挺水植物有喜旱莲子草、水烛和南美天胡荽等，湿生植物有鬼针草、香附子和齿果酸模等，漂浮植物有大薸和浮萍等，中生植物有草木樨、鼠尾栗、牛筋草、大花美人蕉、龙葵、灰绿藜和台湾翅果菊等。

### 2.6.7　喜旱莲子草+葎草+铺地黍群丛

喜旱莲子草 + 葎草 + 铺地黍群丛主要分布在玉环市五一村的小古顺河流域，以喜旱莲子草、葎草和铺地黍为优势种，组成物种的生态类型主要包括挺水、湿生、漂浮、浮叶根生和中生5 类。挺水植物有喜旱莲子草、菰等，湿生植物有铺地黍、大狼杷草、鬼针草、雀稗、羊蹄、齿果酸模、鸭跖草、饭包草和鳢肠等，漂浮植物有浮萍等，浮叶根生植物有荇菜等，中生植物有葎草、扁穗雀麦、艾蒿、窃衣、毛马唐、台湾翅果菊和马齿苋等。

## 2.7　米草群系

玉环市的米草群系建群种为互花米草。互花米草属禾本科，米草属，多年生草本，茎基地下部由短而细的须根和根状茎组成，根系发达，植株茎秆坚韧直立，茎节具叶鞘。原产于美洲的大西洋沿岸，因其具有极高的繁殖系数，被列入世界最危险的 100 种入侵种名

单，是我国较为常见的生物入侵物种。该群系有 2 个群丛，为互花米草群丛和互花米草 +
棒头草群丛。

### 2.7.1　互花米草群丛

互花米草群丛主要分布在玉环市水上运动游览区南岸，以互花米草和棒头草为优势种，
组成物种的生态类型主要包括挺水、湿生和中生 3 类。挺水植物有互花米草和喜旱莲子草
等，湿生植物有芦苇、羊蹄和大白茅等，中生植物有小蓬草等。

### 2.7.2　互花米草+棒头草群丛

互花米草 + 棒头草群丛主要分布在玉环市漩门湾的玉环湖流域，以互花米草和棒头草
为优势种，组成物种的生态类型主要包括挺水、湿生、漂浮和沉水 4 类。挺水植物有互花
米草和水烛等，湿生植物有棒头草、芦苇、小旱稗、双稃草、齿果酸模、苦苣菜、蚊母草
和碎米荠等，漂浮植物有浮萍和紫萍等，沉水植物有菹草和穗状狐尾藻等。

**米草群系**

## 2.8 香蒲群系

　　玉环市的香蒲群系建群种为水烛，水烛属香蒲科，香蒲属，多年生草本，根状茎乳黄、灰黄色，先端白色，地上茎直立粗壮，高 1.5 ~ 2.5m，植株高大，叶片较长，雌花序粗大。具有较高的经济价值，叶片用于编织、造纸等，幼叶基部和根状茎先端可作蔬食，雌花序可作枕芯和坐垫的填充物，是重要的水生经济植物之一。该群系有 3 个群丛，分别为水烛与漂浮植物组成的水烛 – 大藻群丛，由水烛与湿生禾草和外来杂草组成的水烛 – 喜旱莲子草群丛和水烛 + 芦苇 – 喜旱莲子草群丛。

### 2.8.1　水烛–大藻群丛

　　水烛群丛主要分布在玉环市玉环湖入湖口的玉环湖流域，以水烛和大藻为优势种，组成物种的生态类型主要包括挺水、漂浮、湿生、沉水和中生 5 类。挺水植物有水烛和喜旱莲子草等，漂浮植物有大藻、凤眼蓝和浮萍等，湿生植物有扁秆荆三棱、双穗雀稗、绵毛酸模叶蓼、盒子草和钻叶紫菀等，沉水植物有穗状狐尾藻等，中生植物有马蓼等。

**香蒲群系**

### 2.8.2　水烛–喜旱莲子草群丛

水烛－喜旱莲子草群丛主要分布在玉环市乌岩村的太平塘河流域和漩门湾的玉环湖流域，以水烛和喜旱莲子草为优势种，其中喜旱莲子草是我国较为常见的入侵植物，组成物种的生态类型主要包括挺水、湿生和中生3类。挺水植物有水烛、喜旱莲子草等，湿生植物有雀稗、鬼针草、大狼耙草、芦苇、棒头草、铺地黍、钻叶紫菀、双穗雀稗、钻叶紫菀和齿果酸模等，中生植物有龙葵、扁穗雀麦、狗尾草和灰绿藜等。

### 2.8.3　水烛+芦苇–喜旱莲子草群丛

水烛＋芦苇－喜旱莲子草群丛主要分布在玉环市创融玉环产业城的太平塘河流域，以芦苇、水烛和喜旱莲子草为优势种，其中喜旱莲子草是我国较为常见的入侵植物，组成物种的生态类型主要包括湿生、挺水和中生3类。湿生植物有芦苇、羊蹄、饭包草、钻叶紫菀、大狼耙草和棒头草等，挺水植物有水烛、喜旱莲子草等，中生植物有狗尾草和牛筋草等。

## 2.9　薹草群系

玉环市的薹草群系建群种为糙叶薹草。糙叶薹草属莎草科，薹草属，多年生草本，根状茎具地下匍匐茎，秆常2～3株簇生于匍匐茎节上，高30～60cm，较细，三棱形，平滑，上端稍粗糙，基部具红褐色无叶片的鞘。该群系有1个群丛，为糙叶薹草群丛。

### 2.9.1　糙叶薹草群丛

糙叶薹草群丛主要分布在玉环市漩门湾湿地公园滩涂湿地上，以糙叶薹草为优势种，组成物种的生态类型主要包括湿生、挺水和中生3类。挺水植物有糙叶薹草和喜旱莲子草等，湿生植物有大白茅和羊蹄等，中生植物有灰绿藜等。

薹草群系

## 2.10 盐角草群系

  玉环市的盐角草群系建群种为盐角草。盐角草属苋科，盐角草属，一年生草本，茎直立，高达 35cm，多分枝，枝肉质，绿色，叶鳞片状，先端锐尖，基部连成鞘状，具膜质边缘。该群系有 1 个群丛，为盐角草群丛。

**盐角草群系**

　　盐角草群丛主要分布在玉环市漩门湾湿地公园内延大堤附近，以盐角草为优势种，盐生群落物种较为单一，组成物种的生态类型主要包括湿生和挺水2类。挺水植物有盐角草和秋茄等，湿生植物有芦苇、钻叶紫菀、南方碱蓬和棒头草等。

## 2.11　秋茄树群系

　　玉环市的秋茄树群系建群种为秋茄树。秋茄树属红树科，秋茄树属，灌木或小乔木，高2～3m，树皮灰色至红褐色，光滑，叶对生，叶片厚革质，倒卵状椭圆形或椭圆形，花白色，具短梗，果实狭卵状圆锥形。喜生于海湾淤泥冲积深厚的泥滩，在一定立地条件上，常组成单优势种灌木群落。该群系有1个群丛，为秋茄树群丛。

　　秋茄树群丛主要分布在玉环市海山乡虹田村和南滩村滩涂，以秋茄树为优势种，2005年海山乡从福建省龙海市（现福建省漳州市龙海区）引种栽培，均为人工扦插苗种，群落基本由单一秋茄树组成，伴生有少量桐花。

秋茄树群系

# 第3节　漂浮植被

## 3.1　大薸群系

　　玉环市的大薸群系建群种为大薸。大薸属天南星科，大薸属，有长而悬垂的根多数，须根羽状，密集。叶簇生成莲座状，叶片常因发育阶段不同而形异。全株可做猪饲料，具有一定的经济价值。该群系有 1 个群丛，为大薸群丛。

大薸群系

　　大藻群丛主要分布在玉环市玉环湖入湖口的玉环湖流域，以大藻和水烛为优势种，组成物种的生态类型主要包括挺水、漂浮、湿生、沉水和中生 5 类。群落覆盖水域和陆地，挺水植物有水烛和喜旱莲子草等，漂浮植物有大藻、凤眼蓝和浮萍等，湿生植物有扁秆荆三棱、双穗雀稗、绵毛酸模叶蓼、盒子草和钻叶紫菀等，沉水植物有穗状狐尾藻等，中生植物有马蓼等。

## 3.2　浮萍群系

　　玉环市的浮萍群系建群种为浮萍。浮萍属天南星科，浮萍属，叶状体对称，表面绿色，背面浅黄色或绿白色或常为紫色，近圆形，倒卵形或倒卵状椭圆形，全缘，常与紫萍混生，

浮萍群系

形成密布水面的飘浮群落，由于本种繁殖快，通常在群落中占绝对优势。是良好的猪饲料、鸭饲料，也是草鱼的饵料。该群系有 1 个群丛，为浮萍群丛。

浮萍群丛主要分布在玉环市海山乡的丰门塘河流域、古顺村的古顺河流域、普竹闸的外塘河流域和芳斗村的芳斗河流域，以浮萍为优势种，组成物种的生态类型主要包括漂浮、挺水、沉水、湿生和中生 5 类。漂浮植物有浮萍等，挺水植物有菰、喜旱莲子草、假稻、水烛和羊蹄等，沉水植物有菹草等，湿生植物有蚕茧草、鬼针草、铺地黍、鳢肠、芋、大牛鞭草、无辣蓼、菌草、齿果酸模、棒头草、短叶水蜈蚣和双穗雀稗等，中生植物有鹅观草、草木樨和台湾翅果菊等。

## 3.3 凤眼蓝群系

玉环市的凤眼蓝群系建群种为凤眼蓝。浮萍属雨久花科，凤眼莲属，高 30 ~ 60cm，须根发达，棕黑色，长达 30cm，茎极短，具长匍匐枝，匍匐枝淡绿色或带紫色，与母株分离后长成新植物，叶在基部丛生，莲座状排列，叶片圆形，宽卵形或宽菱形。全株可做饲料或药用，嫩叶及叶柄可作蔬菜。原产于巴西，为世界百大外来入侵种之一，是我国较为常见的生物入侵物种。该群系有 1 个群丛，为凤眼蓝群丛。

凤眼蓝群丛主要分布在玉环市新塘河玉环湖交汇处的玉环湖流域和漩门湾的玉环湖流域，以凤眼蓝为优势种，组成物种的生态类型主要包括漂浮、挺水、湿生和沉水 4 类。漂浮植物有凤眼蓝、大薸和浮萍等，挺水植物有喜旱莲子草、莲、假稻、水烛和南美天胡荽等，湿生植物有大牛鞭草、双穗雀稗、芦苇、羊蹄、棒头草和钻叶紫菀等，沉水植物有密刺苦草等。

凤眼蓝群系

# 第4节　沉水植被

## 眼子菜群系

　　玉环市的眼子菜群系建群种为菹草。菹草属眼子菜科，眼子菜属，多年生草本，具近圆柱形的根茎，茎稍扁，多分枝，近基部常匍匐地面，于节处生出须根，叶条形，无柄，先端钝圆，基部与托叶合生，但不形成叶鞘，叶缘多少呈浅波状，具疏或稍密的细锯齿。全株为草食性鱼类的良好天然饵料。该群系有 1 个群丛，为菹草群丛。

　　菹草群丛主要分布在玉环市海山乡东升塘河流域和扫帚村的芳社河流域，以菹草为优势种，组成物种的生态类型主要包括沉水、挺水、湿生和漂浮 4 类。沉水植物有菹草等，挺水植物有喜旱莲子草和假稻等，湿生植物有双穗雀稗、羊蹄、铺地黍、菌草、钻叶紫菀、齿果酸模和棒头草等，漂浮植物有浮萍等。

眼子菜群系

第 3 章

植物图谱

# 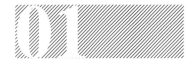 菖蒲科 *Acoraceae*

## 菖　蒲　**Acorus calamus L.**

多年生草本。叶基生，基部两侧膜质叶鞘，向上渐狭。叶片剑状线形，基部宽、对褶，中部以上渐狭，绿色，光亮。叶状佛焰苞剑状线形；肉穗花序斜向上或近直立，狭锥状圆柱形。花黄绿色；浆果长圆形，红色。花期6—8月。

生于水边、沼泽湿地，常有栽培。

# 苋　科　*Amaranthaceae*

## 喜旱莲子草　**Alternanthera philoxeroides（Mart.）Griseb.**

　　多年生草本；茎基部匍匐，上部上升。叶片矩圆形、矩圆状倒卵形或倒卵状披针形，顶端急尖或圆钝，具短尖，基部渐狭，全缘，两面无毛或上面有贴生毛及缘毛，下面有颗粒状突起；头状花序花密生，具总花梗，单生在叶腋；苞片及小苞片白色；花被片白色，光亮，无毛；花期5—10月。

　　生于河道、池沼、水沟内，有一定净化水质的功能。

# 莲子草 Alternanthera sessilis（L.）DC.

多年生草本。茎上升或匍匐，绿色或稍带紫色，有条纹及纵沟，沟内有柔毛，在节处有一行横生柔毛。叶片条状披针形、矩圆形、倒卵形、卵状矩圆形，顶端急尖、圆形或圆钝；头状花序1～4个，腋生，无总花梗；花密生，苞片及小苞片白色；种子卵球形。花期5—7月，果期7—9月。

生于草坡、水沟、田边或沼泽、海边潮湿处。

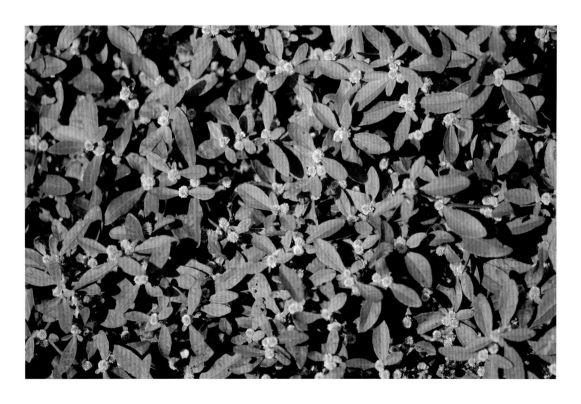

# 刺 苋  Amaranthus spinosus L.

　　一年生草本；茎直立，圆柱形或钝棱形，多分枝，无毛或稍有柔毛。叶片菱状卵形或卵状披针形，顶端圆钝，具微凸头，基部楔形，全缘，无毛或幼时沿叶脉稍有柔毛；叶柄长 1 ~ 8cm，无毛，在其旁有 2 刺，刺长 5 ~ 10mm。圆锥花序腋生及顶生；苞片在腋生花簇及顶生花穗的基部者变成尖锐直刺，花被片绿色，种子近球形，黑色或带棕黑色。花果期 7—11 月。

　　生于水边或潮湿土地。

# 伞形科 *Apiaceae*

## 南美天胡荽 **Hydrocotyle verticillata Thunb.**

多年生挺水或湿生观赏植物。植株具有蔓生性，株高 5 ~ 15cm，节上常生根。茎顶端呈褐色。叶互生，具长柄，圆盾形，直径 2 ~ 4cm，缘波状，草绿色，叶脉 15 ~ 20 条，放射状。花两性；伞形花序；小花白色。果为分果。花期 6—8 月。

生于河道、湿地沼泽及岸边，常用于河道水质净化。

# 水 芹　*Oenanthe javanica*（Bl.）DC.

多年生草本，茎直立或基部匍匐。基生叶有柄，柄长达10cm，基部有叶鞘；叶片轮廓三角形，1～2回羽状分裂，末回裂片卵形至菱状披针形，边缘有牙齿或圆齿状锯齿；茎上部叶无柄。复伞形花序顶生；花瓣白色。花期6—7月，果期8—9月。

多生于浅水低洼地方或池沼、水沟旁。

# 窃 衣 Torilisscabra（Thunb.）DC.

一年生草本。总苞片通常无，很少1，钻形或线形；伞辐2～4，长1～5cm，粗壮，有纵棱及向上紧贴的粗毛。果实长圆形，长4～7mm，宽2～3mm。花果期4—11月。

生于河边及附近空旷草地上。

芋 **Colocasia esculenta（L.）Schott.**

湿生草本。块茎通常卵形，常生多数小球茎。叶 2～3 枚或更多。叶柄长于叶片，叶片卵状，先端短尖或短渐尖。花序柄常单生，短于叶柄。佛焰苞长短不一，肉穗花序短于佛焰苞，雌花序长圆锥状；雄花序圆柱形，顶端骤狭。花期 4—9 月。

栽培品种，耐水湿，生于田间或潮湿土壤中。

## 大　藻　**Pistia stratiotes L.**

水生飘浮草本。有长而悬垂的根多数，须根羽状，密集。叶簇生成莲座状，叶片先端截头状或浑圆，基部厚，二面被毛，基部尤为浓密；叶脉扇状伸展，背面明显隆起成折皱状。佛焰苞白色，外被茸毛。花期5—11月。

生于河道或沼泽中，有净化水质功能。

# 菊 科 *Asteraceae*

## 藿香蓟　**Ageratum conyzoides L.**

一年生草本。全部茎枝淡红色，或上部绿色，被白色尘状短柔毛或上部被稠密开展的长绒毛。叶对生，叶基部钝或宽楔形，顶端急尖，边缘圆锯齿。头状花序4～18，个在茎顶排成通常紧密的伞房状花序；瘦果黑褐色。花果期全年。

生于河边或附近草地、田边。

# 艾 蒿　Artemisia argyi H. Lév. et Vaniot.

多年生草本或略呈半灌木状，植株有浓烈香气。茎单生或少数，高 80 ~ 150（~ 250）cm，有明显纵棱，基部稍木质化。叶片 1 ~ 2 回，羽状深裂，裂片线状披针形。茎枝被灰白色蛛丝状短柔毛；中部叶片上初时微被蛛丝状短柔毛，后无毛。瘦果长卵形或长圆形。花果期 7—10 月。

生于荒地、路旁、河边及山坡等地。

# 野艾蒿　Artemisia lavandulifolia Candolle

与野艾蒿区别：该种叶片 3 ~ 5 枚，深裂到羽状深裂，裂片椭圆形或披针形，上面被灰白色蛛丝状密柔毛。

生于路旁、河边等地。

# 钻叶紫菀 Symphyotrichum subulatum（Michx.）G. L. Nesom

　　一年生草本。基生叶倒披针形，花后凋落；茎中部叶线状披针形，先端尖或钝，有时具钻形尖头，全缘，无柄，无毛。头状花序小，排成圆锥状，总苞钟状，苞片线状钻形，无毛；舌状花细狭，淡红色；管状花多数，短于冠毛。瘦果长圆形或椭圆形，有 5 纵棱，冠毛淡褐色。

　　喜生长于潮湿含盐的土壤上，常见于沟边、河岸、海岸、路边及低洼地。

钻叶紫菀

## 大狼耙草　**Bidens frondosa L.**

　　一年生草本。茎直立，被疏毛或无毛，常带紫色。叶对生，具柄，为一回羽状复叶，小叶 3 ~ 5 枚，披针形，先端渐尖，边缘有粗锯齿，至少顶生者具明显的柄。头状花序单生茎端和枝端。总苞钟状或半球形，外层苞片 5 ~ 10 枚，通常 8 枚，披针形或匙状倒披针形；瘦果扁平，顶端芒刺 2 枚，有倒刺毛。

　　生于田野湿润处。

## 鬼针草　**Bidens pilosa L.**

一年生草本，茎直立。茎下部叶较小，3 裂或不分裂，中部叶小叶 3 枚，顶生小叶较大。头状花序。总苞苞片 7 ~ 8 枚，条状匙形。无舌状花。瘦果黑色，上部具稀疏瘤状突起及刚毛，顶端芒刺 3 ~ 4 枚，具倒刺毛。

生于村旁、路边。

# 鳢 肠 **Eclipta prostrata（L.）L.**

一年生草本。茎直立，斜升或平卧，被贴生糙毛。叶长圆状披针形或披针形，无柄或有极短的柄，顶端尖或渐尖。头状花序，具细花序梗；总苞球状钟形，外围的雌花2层，舌状，中央的两性花多数，花冠管状，白色，雌花的瘦果三棱形，两性花的瘦果扁四棱形。花果期6—9月。

生于河边、田边或路旁。

## 小蓬草　**Erigeron canadensis L.**

一年生草本。茎直立，圆柱状，具棱，有条纹，被疏长硬毛，上部多分枝。基部叶密集，花期常枯萎，下部叶倒披针形，顶端尖或渐尖，基部渐狭成柄，边缘具疏锯齿或全缘，中部和上部叶较小，线状披针形或线形，近无柄或无柄，全缘或少见具 1 ~ 2 个齿。头状花序多数，小，排列成顶生多分枝的大圆锥花序；雌花多数，舌状，白色；两性花淡黄色，花冠管状。花期 5—9 月。

常生于旷野、田边和路旁。

## 睫毛牛膝菊 Galinsoga parviflora Cav.

一年生草本。叶对生，卵形或长椭圆状卵形，基出三脉或不明显五脉，被白色稀疏贴伏的短柔毛，边缘浅或钝锯齿或波状浅锯齿。头状花序半球形，有长花梗，多数在茎枝顶端排成疏松的伞房花序；舌状花 4 ~ 5 个，舌片白色；管状花黄色。花果期 7—10 月。

生于河谷地、荒野、河边、田间、溪边或市郊路旁。

## 台湾翅果菊　**Lactuca formosana Maxim.**

　　一年生草本。茎单生，直立，上部伞房花序状分枝，无毛。基部叶及下部茎叶长椭圆形或倒披针形，顶端急尖，基部楔形渐狭成翼柄或无柄但基部耳状扩大，半抱茎；中部及中下部茎叶倒披针形，无柄，基部半抱茎；上部茎叶较小或更小，披针形或长披针形；全部叶边缘有锯齿。头状花序多数，伞房状花庁。瘦果椭圆形或倒卵形，棕红色或黑色，压扁，边缘有宽翅，顶端突然收缩成长 1.5mm 的细丝状的喙。冠毛白色。花果期 4—9 月。

　　生于海塘、河岸等地。

# 苦苣菜 *Sonchus oleraceus* L.

　　一年或二年生草本。茎直立，有纵条棱或条纹，茎枝光滑无毛。基生叶羽状深裂，或大头羽状深裂，全形倒披针形，全部基生叶基部渐狭成长或短翼柄；中下部茎叶羽状深裂或大头状羽状深裂，基部急狭成翼柄，柄基圆耳状抱茎。头状花序少数在茎枝顶端排成紧密的伞房花序或总状花序或单生茎枝顶端。舌状小花多数，黄色。瘦果褐色，冠毛白色。花果期5—12月。

　　生于田间空旷处或近水处。

# 碱 菀 Tripolium pannonicum（Jacquin）Dobroczajeva

一年生草本。基部叶在花期枯萎，下部叶条状或矩圆状披针形；中部叶渐狭，无柄，上部叶渐小，苞叶状；全部叶无毛，肉质。头状花序排成伞房状，有长花序梗。总苞近管状，花后钟状，总苞片 2 ~ 3 层，疏覆瓦状排列，舌状花 1 层。瘦果，扁，有边肋，两面各有 1 脉，被疏毛。花果期 8—12 月。

生于海岸，湖滨，沼泽及盐碱地。

# 黄鹌菜 Youngia japonica（L.）DC.

一年生或二年生草本。茎直立，叶基生，倒披针形，提琴状羽裂。头状花序有柄，排成伞房状、圆锥状和聚伞状；全为舌状花，花冠黄色。瘦果纺锤状，稍扁，冠毛白色。花果期 4—10 月。

生于潮湿地、河边沼泽地及田间。

# 十字花科 *Brassicaceae*

## 碎米荠　Cardamine hirsuta L.

一年生小草本。茎直立或斜升，下部有时淡紫色。基生叶具叶柄，顶生小叶肾形或肾圆形；茎生叶具短柄；全部小叶两面稍有毛。总状花序生于枝顶，花小；花瓣白色。长角果线形，稍扁，无毛；种子椭圆形，顶端有的具明显的翅。花期2—4月，果期4—6月。

生于路旁及耕地的草丛中。

# 07 美人蕉科 *Cannaceae*

## 大花美人蕉 **Canna × generalis L. H. Bailey et E. Z. Bailey**

多年生宿根草本植物，高可达 1.5m，全株绿色无毛，被蜡质白粉。具块状根茎。地上枝丛生。单叶互生；具鞘状的叶柄；叶片卵状长圆形。总状花序，花单生或对生；萼片绿白色，先端带红色；花冠大多红色；唇瓣披针形，弯曲；蒴果绿色，长卵形，有软刺。花果期 3—12 月。

生于水中、沼泽或附近潮湿地，具一定净化水质作用。

# 石竹科 *Caryophyllaceae*

## 漆姑草 **Sagina japonica（Sw.）Ohwi**

一年生小草本，矮小。茎丛生，稍铺散。叶片线形，长 5 ~ 20mm，顶端急尖，无毛。花小形，单生枝端；花瓣 5，白色，雄蕊 5，花柱 5。蒴果卵圆形，5 瓣裂；种子细，微扁，褐色，表面具尖瘤状凸起。花期 3—5 月，果期 5—6 月。

生于河岸沙质地、撂荒地或路旁草地。

# 藜 科 *Chenopodiaceae*

## 灰绿藜 **Chenopodium glaucum L.**

一年生草本。茎平卧或外倾，具条棱及绿色或紫红色色条。叶片矩圆状卵形至披针形，肥厚，先端急尖或钝，基部渐狭，边缘具缺刻状牙齿，上面无粉，平滑，下面有粉而呈灰白色，有稍带紫红色；中脉明显；花两性兼有雌性，通常数花聚成团伞花序，再于分枝上排列成穗状或圆锥状花序；花果期5—10月。

生于农田、菜园、村房、水边等有轻度盐碱的土壤上。

# 土荆芥  Dysphania ambrosioides（Linnaeus）Mosyakin & Clemants

一年或多年生草本，有强烈香味。茎直立，多分枝，有色条及钝条棱；枝有短柔毛并兼有具节的长柔毛。叶片矩圆状披针形至披针形，先端急尖或渐尖，边缘具稀疏不整齐的大锯齿，上部叶逐渐狭小而近全缘。花两性及雌性，通常3～5个团集，生于上部叶腋；花被绿色。种子黑色或暗红色，平滑，有光泽。花期和果期的时间都很长。

喜生于村旁、路边、河岸等处。

# 盐角草　Salicornia europaea L.

一年生草本，高 10 ~ 35cm。茎直立，多分枝；枝肉质，苍绿色。叶不发育，鳞片状，长约 1.5mm，顶端锐尖，基部连合成鞘状，边缘膜质。花序穗状，长 1 ~ 5cm，有短柄；花腋生，每 1 苞片内有 3 朵花，集成 1 簇，陷入花序轴内，中间的花较大，位于上部，两侧的花较小，位于下部。

生于盐碱地及海塘内侧。

# 南方碱蓬　Suaeda australis（R. Br.）Moq.

小灌木。茎多分枝，通常有明显的残留叶痕。叶条形，半圆柱状，粉绿色或带紫红色，上面平，下面凸。团伞花序含1～5朵花，腋生；胞果扁圆形。种子黑褐色。花果期7—11月。

生于海滩沙地、盐田堤埂等处，常成片群生或与盐地碱蓬混生。

# 碱　蓬　Suaeda glauca（Bunge）Bunge

一年生草本，高可达1m。茎直立，粗壮，上部多分枝；叶丝状条形，半圆柱状，灰绿色，光滑无毛，先端微尖，基部稍收缩。花两性兼有雌性，着生于叶的近基部处；种子横生或斜生，黑色，周边钝或锐，表面具清晰的颗粒状点纹。花果期7—9月。

生于海滩、近海等含盐碱的土壤里。

碱蓬果枝

# 盐地碱蓬 Suaeda salsa（L.）Pall.

一年生草本，绿色或紫红色。茎直立，圆柱状；分枝多集中于茎的上部；叶条形，半圆柱状，先端尖或微钝，无柄，枝上部的叶较短。团伞花序通常含 3～5 朵花，腋生。种子横生，双凸镜形或歪卵形，黑色，有光泽。花果期 7—10 月。

生于盐碱上，在海滩及湖边常形成单种群落。

鸭跖草科 *Commelinaceae*

## 饭包草　Commelina bengalensis L.

　　多年生草本。茎大部分匍匐，上部上升，疏生短柔毛。叶鞘疏生长睫毛；叶柄明显；叶片卵形，近无毛。总苞片与叶对生，通常数个聚集在分枝先端，疏生毛，近缘合生，先端锐尖或钝。蝎尾状花序的近端分枝具伸长的花序梗，具 1 ~ 3 朵外露的不育的花；远端分枝较长，具数朵可育花。花瓣蓝色。种子黑色，圆筒状或半圆柱形。花期从夏天到秋天。生于潮湿的地方。

# 鸭跖草　Commelina communis L.

一年生草本。茎匍匐生根，多分枝，下部无毛，上部被短毛。叶披针形至卵状披针形。总苞片佛焰苞状，与叶对生，折叠状，展开后为心形，顶端短急尖，基部心形，边缘常有硬毛；聚伞花序，花梗花期长仅 3mm，果期弯曲，长不过 6mm；萼片膜质，内面 2 枚常靠近或合生；花瓣深蓝色；内面 2 枚具爪，长近 1cm。蒴果椭圆形，有种子 4 颗。种子棕黄色，一端平截、腹面平，有不规则窝孔。

生于湿地。

## 水竹叶  *Murdannia triquetra*（Wall. ex C. B. Clarke）Bruckn.

多年生草本，具长而横走根状茎。根状茎具叶鞘，节上具细长须状根。茎肉质，下部匍匐，节上生根，上部上升，通常多分枝，节间密生一列白色硬毛。叶无柄，下部有睫毛和叶鞘合缝处有一列毛；叶片竹叶形。花序通常仅有单朵花，顶生并兼腋生；花瓣粉红色，紫红色或蓝紫色；蒴果卵圆状三棱形。种子短柱状，红灰色。花果期 9—11 月。

生于水稻田边或湿地上。

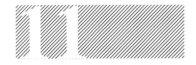

# 葫芦科 *Cucurbitaceae*

## 盒子草　Actinostemma tenerum Griff.

一年生草本；茎纤细，疏被长柔毛，后变无毛。叶形变异大，心状戟形、心状狭卵形或披针状三角形，边缘波状或具小圆齿或具疏齿，基部弯缺半圆形、长圆形、深心形，裂片顶端狭三角形，先端稍钝或渐尖，顶端有小尖头。卷须细，2歧。雄花总状，有时圆锥状。花萼裂片线状披针形，边缘有疏小齿；花冠裂片披针形，先端尾状钻形。雌花单生，双生或雌雄同序。果实绿色，卵形，阔卵形，长圆状椭圆形，具种子2～4枚。花期7—9月，果期9—11月。

多生于水边草丛中。

莎草科 *Cyperaceae*

## 扁秆荆三棱 **Bolboschoenus planiculmis（F. Schmidt）T. V. Egorova**

　　具匍匐根状茎和块茎。秆高 60 ～ 100cm，三棱形，平滑，靠近花序部分粗糙，基部膨大，具秆生叶。叶扁平，宽 2 ～ 5mm，向顶部渐狭，具长叶鞘。叶状苞片 1 ～ 3 枚，常长于花序，边缘粗糙；长侧枝聚伞花序短缩成头状，通常具 1 ～ 6 个小穗；小穗卵形或长圆状卵形，锈褐色；鳞片膜质，长圆形或椭圆形，褐色或深褐色，顶端具芒；花药线形；柱头 2。小坚果宽倒卵形，或倒卵形，扁，两面稍凹或稍凸。花期 5—6 月，果期 7—9 月。

　　生于湖、河近水处。

## 风车草　Cyperus alternifolius Linn. ssp. flabelliformis（Rottb.）Kukenth.

　　根状茎短，粗大，须根坚硬。秆稍粗壮，高 30 ~ 150cm，近圆柱状，上部稍粗糙，基部包裹以无叶的鞘，鞘棕色。苞片 20 枚，长几相等，较花序长约 2 倍，宽 2 ~ 11mm，向四周展开，平展；多次复出长侧枝聚伞花序具多数第一次辐射枝，辐射枝最长达 7cm，每个第一次辐射枝具 4 ~ 10 个第二次辐射枝，最长达 15cm；小穗密集于第二次辐射枝上端，椭圆形或长圆状披针形，长 3 ~ 8mm，宽 1.5 ~ 3mm，压扁，具 6 ~ 26 朵花。

　　生于河边湿地或含水量较高的地上。

# 糙叶薹草　**Carex scabrifolia Steud.**

　　根状茎具地下匍匐茎。秆常 2 ~ 3 株簇生于匍匐茎节上，高 30 ~ 60cm，较细，三棱形，平滑，上端稍粗糙，基部具红褐色无叶片的鞘，老叶鞘有时稍细裂成网状。叶短于秆或上面的稍长于秆，宽 2 ~ 3mm，质坚挺，中间具沟或边缘稍内卷，边缘粗糙，具较长的叶鞘。苞片下面的叶状，长于花序，无苞鞘，上面的近鳞片状。

　　生于海滩沙地或沿海湿地。

## 纸莎草　Cyperus papyrus L.

　　具有粗壮的根状茎，高达 2～3m，茎秆簇生，粗壮，直立，钝三棱形。叶退化呈鞘状，茎秆顶端着生总苞片，呈伞状簇生，总苞片叶状，披针形，顶生花序伞梗极多，细长下垂。瘦果灰褐色，椭圆形，花期 6—7 月。

　　喜温暖及阳光充足的环境，耐瘠；不择土壤；喜光，稍耐荫，要求土壤肥沃、在微碱性和中性土壤中长势良。

# 香附子 *Cyperus rotundus* L.

多年生草本。匍匐根状茎细长，部分肥厚成纺锤形，有时数个相连。茎直立，三棱形。叶丛生于茎基部，叶鞘闭合包于上，叶片窄线形，先端尖，全缘，具平行脉，主脉于背面隆起，质硬；花序复穗状在茎顶排成伞状，基部有叶片状的总苞2～4片，与花序几等长或长于花序；小穗宽线形，略扁平；颖2列，排列紧密；柱头3，呈丝状。小坚果长圆倒卵形，三棱状。花期6—8月。果期7—11月。

生于草丛或水边潮湿处。

# 水虱草　**Fimbristylis littoralis Grandich**

一年生草本。秆丛生，扁四棱形，有纵槽，基部有 1 ~ 3 个无叶片的鞘。叶剑形，边缘有疏锯齿，先端渐尖成刚毛状；叶鞘侧扁，套褶。苞片 2 ~ 4，刚毛状，基部宽，较花序短而多。聚伞花序复出或多次复出，有很多小穗。小穗单生，球形或近球形；雄蕊 2；花柱三棱形，柱头 3，为花柱长的 1/2。小坚果三棱状倒卵形，褐黄色，表面有横长圆形网纹和疏少的小疣状突起。花果期 7—10 月。

海边湿地与农田最常见。

# 短叶水蜈蚣　*Kyllinga brevifolia Rottb.*

根状茎长而匍匐，外被膜质、褐色的鳞片，具多数节间，节间长约 1.5cm，每一节上长一秆。秆成列地散生，细弱，高 7 ~ 20cm，扁三棱形，平滑。小坚果倒卵状长圆形，扁双凸状，长约为鳞片的 1/2，表面具密的细点。花果期 5—9 月。

生于路旁草丛、田边草地、溪边、海边沙滩上。

大戟科 *Euphorbiaceae*

## 铁苋菜　**Acalypha australis L.**

一年生草本。小枝细长，被柔毛。叶膜质，长卵形、近菱状卵形或阔披针形。雌雄花同序，花序腋生，稀顶生。蒴果具 3 个分果片，果皮具疏生毛和毛基变厚的小瘤体。种子近卵状，种皮平滑，假种阜细长。花果期 4—12 月。

生于湿润耕地或空旷草地。

# 飞扬草 Euphorbia hirta L.

一年生草本。根纤细，常不分枝，偶 3～5 分枝。茎单一，被褐色或黄褐色的多细胞粗硬毛。叶对生，披针状长圆形、长椭圆状卵形或卵状披针形；边缘于中部以上有细锯齿；叶两面均具柔毛，叶背面脉上的毛较密；叶柄极短。花序多数，于叶腋处密集成头状，基部无梗或仅具极短的柄；花柱 3，分离；柱头 2，浅裂。蒴果三棱状，被短柔毛。种子近圆状四棱，有数个纵糟。花果期 6—12 月。

生于路旁、草丛及灌丛，多见于砂质土。

# 地锦草 **Euphorbia humifusa Willd.**

一年生匍匐草本。茎匍匐，自基部以上多分枝，近基部二歧分枝，无毛，质脆，易折断，断面黄白色，中空。叶对生；叶柄极短或无柄；托叶线形，通常三裂。叶片长圆形，边缘有细齿，两面无毛或疏生柔毛。花序单生于叶腋；总苞倒圆锥形，顶端4裂；腺体4，长圆形，有白色花瓣状附属物。蒴果三棱状球形，光滑无毛；种子卵形，黑褐色，外被白色蜡粉。花果期5—10月。

生于田间、海滩、湿地等地，较常见。

斑叶地锦与地锦草极相似，主要区别在于：叶片中央有一紫斑，背面有柔毛；蒴果表面密生白色细柔毛；种子卵形，有角棱。花果期与地锦草同。

# 114 蝶形花科 *Papilionaceae*

## 草木樨 Melilotus officinalis（L.）Pall.

二年生草本。茎直立，粗壮，多分枝，具纵棱，微被柔毛。羽状三出复叶；托叶镰状线形；叶柄细长；小叶倒卵形、阔卵形、倒披针形至线形，边缘具不整齐疏浅齿，顶生小叶稍大。总状花序腋生，具花 30 ~ 70 朵；花冠黄色；荚果卵形，种子 1 ~ 2 粒。种子卵形，黄褐色，平滑。花果期 5—10 月。

生于河岸、路旁及砂质草地上。

## 田 菁 Sesbania cannabina（Retz.）Poir.

一年生草本。茎有不明显淡绿色
线纹。羽状复叶；叶轴上面具沟槽，
小叶对生或近对生，线状长圆形，上
面无毛，下面幼时疏被绢毛，两面被
紫色小腺点，总状花序；总花梗及花
梗纤细，苞片线状披针形，花萼斜钟
状，花冠黄色；荚果细长，长圆柱形。
花果期 7—12 月。

通常生于水田、水沟等潮湿低地。

# 牻牛儿苗科 *Geraniaceae*

## 野老鹳草 **Geranium carolinianum L.**

一年生草本。茎直立或仰卧，具棱角，密被倒向短柔毛。基生叶早枯，茎生叶互生或最上部对生；托叶披针形或三角状披针形；叶片圆肾形，基部心形，掌状 5 ~ 7 裂近基部。花序腋生和顶生，长于叶，每总花梗具 2 花，顶生总花梗常数个集生，花序呈伞形状；花瓣淡紫红色；蒴果被短糙毛，果瓣由喙上部先裂向下卷曲。花果期 4—9 月。

生于低山荒坡杂草丛中。

 小二仙草科 *Haloragaceae*

## 粉绿狐尾藻 **Myriophyllum aquaticum（Vell.）Verdc.**

多年生沉水或挺水草本。株高 50～80cm。雌雄异株。茎直立。叶二型；沉水叶羽状复叶轮生，每轮4～7枚，小叶线形，黄绿色；挺水叶羽状复叶轮生，每轮 6 枚，小叶线形，深绿色。穗状花序；花细小，直径约 2mm，白色；子房下位。分果。花期 7—8 月。

喜生于河道、池塘，具净化水质功能。

粉绿狐尾藻

## 穗状狐尾藻　**Myriophyllum spicatum L.**

　　多年生沉水草本。根状茎发达，在水底泥中蔓延，节部生根。茎圆柱形，叶常5片轮生，丝状全细裂，细线形，叶柄极短或不存在。花两性，单性或杂性，雌雄同株。分果广卵形或卵状椭圆形，具4纵深沟，沟缘表面光滑。花期从春到秋，4—9月陆续结果。

　　生于池塘、河沟、沼泽中，具净化水质功能。

水鳖科 *Hydrocharitaceae*

## 密刺苦草 **Vallisneria denseserrulata（Makino）Makino**

多年生沉水草本。须根多数。常从叶腋发出匍匐茎，表面具微刺，节上生根和叶。叶基生，线形，深绿色，自先端向基部逐渐变窄，叶端圆钝或急尖，叶基略呈鞘状，叶缘具密钩刺；主脉 3，明显平行。雌雄异株；雄花小，萼片 3，反卷，雄蕊 2 枚；雌佛焰苞圆筒状，雌花各部具紫色斑纹；萼片 3，卵状匙形；果三棱状圆柱形。种子多数，无翅。花期 9—10 月。

生于溪沟和湖泊中。

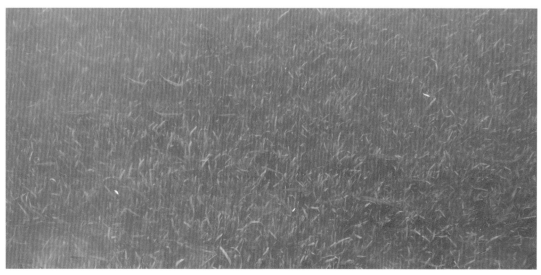

# 苦 草 **Vallisneria natans（Lour.）Hara**

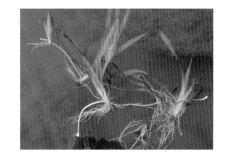

多年生无茎沉水草本，具匍匐茎。叶基生，线形，无柄。雌雄异株，雄花小，多数，生于叶腋，包于具短柄的卵状 3 裂的佛焰苞内；雌花单生，佛焰苞管状，有长柄，丝状，伸到水面，受粉后，螺状卷曲，把子房拉回水中，花被片 6，两轮排列，内轮常退化，外轮带红粉色，较大，花柱 3，2 裂；果圆柱形。种子多数，丝状。花期 8 月，果期 9 月。

生于溪沟、河流、池塘、湖泊之中。

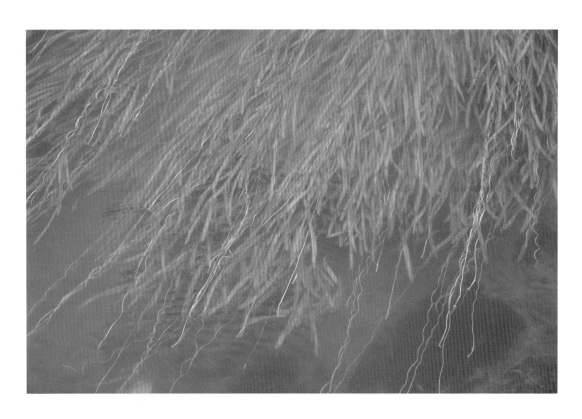

# 鸢尾科 *Iridaceae*

## 鸢 尾 Iris tectorum Maxim.

多年生草本。根状茎粗壮，二歧分枝；叶基生，黄绿色，稍弯曲，中部略宽，宽剑形，顶端渐尖或短渐尖，基部鞘状。花蓝紫色，直径约10cm；花梗甚短；花被管细长，花药鲜黄色，花丝细长，白色；花柱分枝扁平，淡蓝色。蒴果长椭圆形或倒卵形；种子黑褐色，梨形，无附属物。花期4—5月，果期6—8月。

生于水边湿地。

# 19 灯心草科 *Juncaceae*

## 灯心草 **Juncus effusus L.**

多年生草本；茎丛生，直立，圆柱型，淡绿色，具纵条纹，茎内充满白色的髓心。叶片退化为刺芒状。聚伞花序假侧生，含多花，排列紧密或疏散；花淡绿色；花被片线状披针形，黄绿色，花药长圆形，黄色；蒴果长圆形或卵形，黄褐色。种子卵状长圆形，黄褐色。花期4—7月，果期6—9月。

生于河边、池旁、水沟，稻田旁、草地及沼泽湿处。

# 唇形科 *Lamiaceae*

## 风轮菜 **Clinopodium chinense（Benth.）O. Ktze.**

　　多年生草本。茎基部匍匐生根，上部上升，多分枝，四棱形，具细条纹，密被短柔毛及腺微柔毛。叶卵圆形，边缘具圆齿状锯齿，密被平伏短硬毛，下面灰白色，被疏柔毛，脉上尤密。轮伞花序多花密集，半球状；花冠紫红色，外面被微柔毛，冠檐二唇形。小坚果倒卵形，黄褐色。花期5—8月，果期8—10月。

　　生于草丛、路边、沟边、灌丛等地。

## 益母草　Leonurus japonicas Houtt.

　　一年或二年生草本。茎直立，钝四棱形，微具槽，有倒向糙伏毛，在节及棱上尤为密集。叶轮廓变化很大，茎下部叶轮廓为卵形；茎中部叶轮廓为菱形，通常分裂成 3 个或偶为多个长圆状线形的裂片，基部狭楔形。轮伞花序腋生，具 8 ～ 15 朵花，多数远离而组成长穗状花序；花梗无。花萼管状钟形，花冠粉红至淡紫红色。花盘平顶。小坚果长圆状三棱形，淡褐色，光滑。花期 6—9 月，果期 9—10 月。

　　多作为观赏和药用植物。生于河边、潮湿地等。

# 石香薷　Mosla chinensis Maxim.

直立草本。茎纤细，被白色疏柔毛。叶线状长圆形至线状披针形，边缘具疏而不明显的浅锯齿，两面均被疏短柔毛及棕色凹陷腺点；叶柄被疏短柔毛。总状花序头状；花梗短，被疏短柔毛。花冠紫红、淡红至白色，略伸出于苞片，外面被微柔毛。花盘前方呈指状膨大。小坚果球形，灰褐色，具深雕纹，无毛。花期 6—9 月，果期 7—11 月。

生于草坡、水边或潮湿地。

# 迷迭香 Rosmarinus officinalis L.

　　灌木，高达 2m。茎及老枝圆柱形，幼枝四棱形，密被白色星状细绒毛。叶常常在枝上丛生，具极短的柄或无柄，叶片线形，全缘，向背面卷曲，下面密被白色的星状绒毛。花近无梗，对生；花冠蓝紫色，花盘平顶，具相等的裂片。子房裂片与花盘裂片互生。花期 11 月。

　　生于河边、公园水体边。

## 浮萍科 *Lemnaceae*

### 浮 萍　Lemna minor L.

漂浮植物。叶状体对称，表面绿色，背面浅黄色或绿白色或常为紫色，近圆形，倒卵形或倒卵状椭圆形，全缘，背面垂生丝状根 1 条，根白色，长 3 ~ 4cm。叶状体背面一侧具囊，新叶状体于囊内形成浮出。雌花具弯生胚珠 1 枚，果实无翅，近陀螺状，种子具凸出的胚乳并具 12 ~ 15 条纵肋。

生于水田、池沼或其他静水水域，常与紫萍 *Spirodela polyrrhiza* 混生，形成密布水面的漂浮群落。

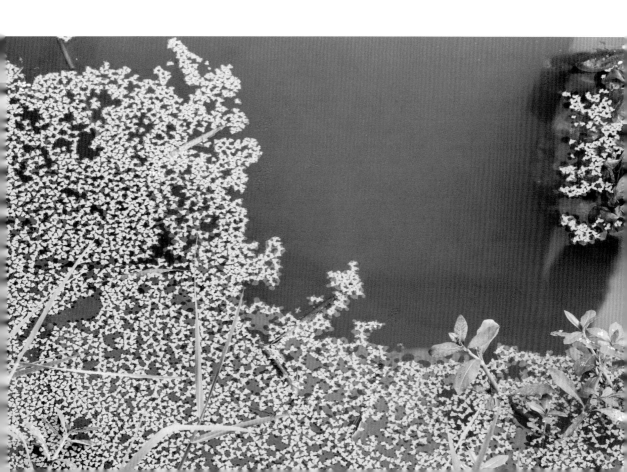

## 紫 萍 Spirodela polyrhiza（Linnaeus）Schleiden

叶倒卵形到圆形，3～10mm，1～1.5
倍于宽，平，很少凸，有时具不清楚的乳
突在上表面沿脉。根（5～)7～21,1（或2）
穿孔鳞片，0.5～3cm。鳞片有时存在，无
根，带褐色到橄榄，圆形到肾形，1～2mm。
子房具1或2胚珠。果侧向翅向先端。花
期（非常罕见）6—9月。

生于池塘、湖滨、稻田、水池、沟渠。

# 睡菜科 *Nymphaeaceae*

## 荇 菜 **Nymphoides peltata（S. G. Gmelin）Kuntze**

多年生水生植物，枝条有二型，长枝匍匐于水底；叶卵形，上表面绿色，边缘具紫黑色斑块，下表面紫色，基部深裂成心形。花大而明显，直径约 2.5cm，花冠黄色，五裂，裂片边缘成须状；雄蕊 5 枚，雌蕊柱头 2 裂。蒴果椭圆形。果实扁平，种子也扁平。

生于池沼、湖泊、沟渠、稻田、河流或河口的平稳水域。

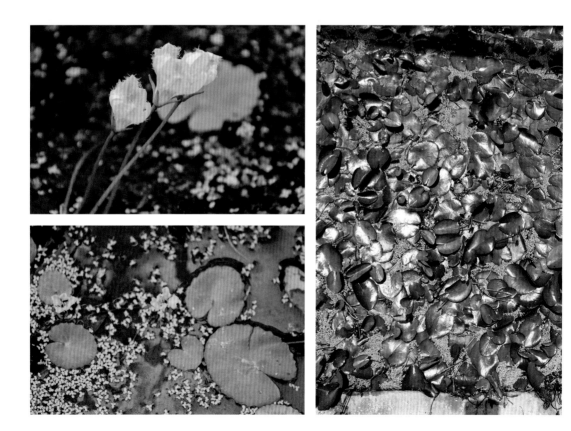

# 23 大麻科 *Cannabaceae*

## 葎 草　Humulus scandens（Lour.）Merr.

缠绕草本，茎、枝、叶柄均具倒钩刺。叶纸质，肾状五角形，掌状 5～7 深裂，基部心脏形，表面粗糙，疏生糙伏毛，背面有柔毛和黄色腺体，裂片卵状三角形，边缘具锯齿；雄花小，黄绿色，圆锥花序；雌花序球果状，苞片纸质，三角形，顶端渐尖，具白色绒毛；瘦果成熟时露出苞片外。花期春夏，果期秋季。

生于沟边、河边。

莲 科 *Nelumbonaceae*

## 莲 **Nelumbo nucifera Gaertn.**

多年生水生草本；根状茎横生，肥厚，节间膨大，内有多数纵行通气孔道，节部缢缩。叶圆形，盾状，全缘稍呈波状；叶柄粗壮，圆柱形，中空，外面散生小刺。花直径 10 ~ 20cm，美丽，芳香；花瓣红色、粉红色或白色；花柱极短，柱头顶生；种子（莲子）卵形或椭圆形种皮红色或白色。花果期 6—10 月。

生于池塘或水田内。

# 25 睡莲科 *Nymphaeaceae*

## 红睡莲 **Nymphaea alba var. rubra Lonnr.**

多年生浮叶型水生草本植物，根状茎肥厚，直立或匍匐。叶二型，浮水叶浮生于水面，圆形、椭圆形或卵形，先端钝圆，基部深裂成马蹄形或心脏形，叶缘波状全缘或有齿。花单生，花有大小与颜色之分，浮水或挺水开花；萼片 4 枚，花瓣、雄蕊多。果实为浆果绵质；种子坚硬深绿或黑褐色，为胶质包裹，有假种皮。品种不同其形态特征不同。

生于池沼、湖泊等静水水体中。许多公园水体栽培作为观赏植物。

# 柳叶菜科 *Onagraceae*

## 丁香蓼　**Ludwigia prostrata Roxb.**

一年生直立草本；茎下部圆柱状，上部
四棱形，常淡红色，近无毛，多分枝，小枝
近水平开展。叶狭椭圆形，先端锐尖或稍钝，
基部狭楔形，两面近无毛或幼时脉上疏生微
柔毛；托叶几乎全退化。萼片4，三角状卵
形至披针形；花瓣黄色，匙形；花期6—7月，
果期8—9月。染色体数 $2n=16$。

生于稻田、河滩、溪谷旁湿处。

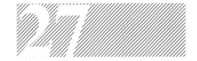

# 禾本科 *Poaceae*

## 看麦娘　Alopecurus aequalis Sobol.

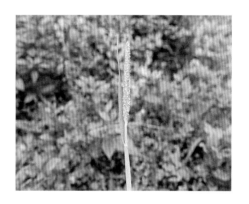

一年生草本。秆少数丛生，细瘦，光
滑，节处常膝曲，高 15 ~ 40cm。叶鞘光滑，
短于节间；叶舌膜质；叶片扁平。圆锥花
序圆柱状，灰绿色，长 2 ~ 7cm；小穗椭
圆形或卵状长圆形。花果期 4—8 月。

生于田边及潮湿之地。

# 茵 草　Beckmannia syzigachne（Steud.）Fern.

一年生草本。秆直立，高 15～90cm，具 2～4
节。叶鞘无毛，多长于节间；叶舌透明膜质；叶
片扁平，粗糙或下面平滑。圆锥花序长，分枝稀
疏，直立或斜升；小穗扁平，圆形，灰绿色，常
含 1 小花；颖草质。花果期 4—10 月。

生于湿地、水沟边及浅的流水中。

## 扁穗雀麦　Bromus catharticus Vahl.

一年生。秆直立，高 60 ～ 100cm。叶鞘闭合，被柔毛；叶舌具缺刻；叶片散生柔毛。圆锥花序开展；分枝，具 1 ～ 3 枚大型小穗；小穗两侧极压扁，含 6 ～ 11 朵小花；小穗轴节间粗糙；颖窄披针形；外稃具 11 脉，沿脉粗糙，顶端具芒尖，基盘钝圆，无毛。花果期春季 5 月和秋季 9 月。

常作短期牧草种植，牧草产量较高，质地较粗。生于阴蔽沟边。

# 蒲 苇  Cortaderia selloana（Schult.）Aschers. et Graebn.

多年生草本。秆高大粗壮，丛生，高 2 ～ 3m。叶片质硬，簇生于秆基，边缘具锯齿状粗糙。圆锥花序大型稠密，长 50 ～ 100cm，银白色至粉红色；雌花序较宽大，雄花序较狭窄。

常作为栽培观赏植物。生于公园、河道等水边。

## 狗牙根　Cynodon dactylon（L.）Pers.

低矮草本。秆细而坚韧，下部匍匐地面蔓延甚长，节上常生不定根，直立部分高 10～30cm，秆壁厚，光滑无毛。叶鞘微具脊，无毛或有疏柔毛，鞘口常具柔毛；叶舌仅为一轮纤毛；叶片线形，通常两面无毛。穗状花序 3～5 枚；颖果长圆柱形。花果期 5—10 月。

其根茎蔓延力很强，广铺地面，为良好的固堤保土植物，常用以铺建草坪或球场。多生长于村庄附近、道旁河岸。

## 毛马唐　Digitaria ciliaris var. chrysoblephara（Figari & De Notaris）R. R. Stewart

一年生。秆基部倾卧，节易生根，具分枝，高 30～100cm。叶鞘多短于其节间，常具柔毛；叶舌膜质；叶片线状披针形，两面多少生柔毛，边缘微粗糙。总状花序4～10 枚，呈指状排列于秆顶；穗轴宽约1mm，中肋白色，两侧之绿色翼缘具细刺状粗糙；小穗披针形，孪生于穗轴一侧；小穗柄三棱形，粗糙。花果期 6—10 月。

生于河道、湿地、田野。

狗牙根

# 稗　Echinochloa crusgalli（L.）P. Beauv.

　　一年生。秆高 50 ~ 150cm，光滑无毛，基部倾斜或膝曲。叶鞘疏松裹秆，平滑无毛；叶舌缺；叶片扁平、线形，无毛，边缘粗糙。圆锥花序直立，近尖塔形；主轴具棱，粗糙或具疣基长刺毛；分枝斜上举或贴向主轴；花果期夏秋季。

　　生于沼泽地、沟边及水稻田中。

# 小旱稗　Echinochloa crusgalli var. austrojaponensis Ohwi

一年生草本。秆高 20 ~ 40cm。叶片通常渐开线，0.2 ~ 0.5cm 宽。

花序狭窄；总状花序短，直立，紧贴于轴。带紫色的小穗，具糙硬毛沿着脉；无芒的下外稃或具一短芒。

分布于河流、潮湿的草地。

## 无芒稗 Echinochloa crusgalli var. mitis（Pursh）Petermann

一年生草本。秆高 50 ~ 120cm，直立，粗壮；叶片长 20 ~ 30cm，宽 6 ~ 12mm。圆锥花序直立，长 10 ~ 20cm，分枝斜上举而开展，常再分枝；小穗卵状椭圆形，长约 3mm，无芒或具极短芒，芒长常不超过 0.5mm，脉上被疣基硬毛。

多生于水边或路边草地上。

## 牛筋草　Eleusine indica（L.）Gaertn.

一年生草本。根系极发达。秆丛生，基部倾斜，高 10 ~ 90cm。叶鞘两侧压扁而具脊，松弛，无毛或疏生疣毛；叶舌长约 1mm；叶片平展，线形，无毛或上面被疣基柔毛。穗状花序 2 ~ 7 个指状着生于秆顶，很少单生；小穗含 3 ~ 6 朵小花；颖披针形，具脊，脊粗糙；花果期 6—10 月。

生于潮湿地及水边道路旁。

## 假俭草　Eremochloa ophiuroides（Munro）Hack.

多年生草本，具强壮的匍匐茎。秆斜升，高约 20cm。叶鞘压扁，多密集跨生于秆基，鞘口常有短毛；叶片条形，顶端钝，无毛。总状花序顶生，稍弓曲，压扁，长 4 ~ 6cm，宽约 2mm，总状花序轴节间具短柔毛。无柄小穗长圆形，覆瓦状排列于总状花序轴一侧；花果期夏秋季。

生于潮湿草地及河岸、路旁。

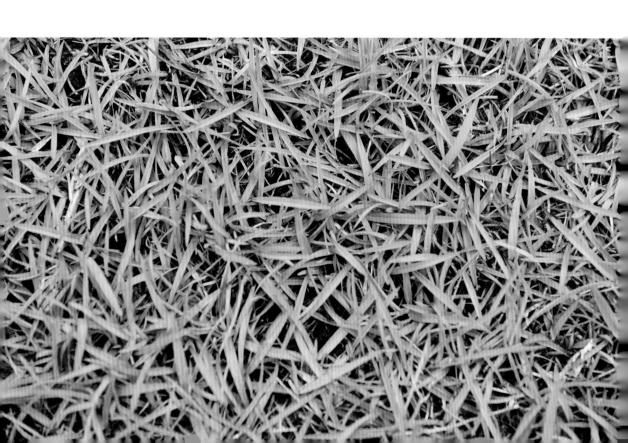

# 大牛鞭草 **Hemarthria altissima（Poir.）Stapf et C. E. Hubb.**

多年生草本，有长而横走的根茎。秆直立部分可高达 1m，直径约 3mm，一侧有槽。叶鞘边缘膜质，鞘口具纤毛；叶舌膜质，白色，上缘撕裂状；叶片线形，长 15 ~ 20cm，宽 4 ~ 6mm，两面无毛。总状花序单生或簇生，长 6 ~ 10cm，直径约 2mm。无柄小穗卵状披针形。花果期夏秋季。

多生于田地、水沟、河滩等湿润处。

## 大白茅 Imperata cylindrica var. major（Nees）C. E. Hubbard

多年生，具横走多节被鳞片的长根状茎。秆直立，高 25 ～ 90cm，具 2 ～ 4 节，节具长 2 ～ 10mm 的白柔毛。叶鞘无毛或上部及边缘具柔毛，鞘口具疣基柔毛；叶舌干膜质，顶端具细纤毛；叶片线形或线状披针形，顶端渐尖，中脉在下面明显隆起并渐向基部增粗或成柄，边缘粗糙，上面被细柔毛；顶生叶短小。圆锥花序穗状，分枝短缩而密集；小穗柄顶端膨大成棒状，无毛或疏生丝状柔毛；小穗披针形；花果期 5—8 月。

生于谷地河床、田坎、堤岸和路边。

# 假 稻 *Leersia japonica*（Makino）Honda

多年生草本。秆下部伏卧地面，节生多分枝的须根，上部向上斜升，高 60 ~ 80cm，节密生倒毛。叶鞘短于节间，微粗糙；叶舌基部两侧下延与叶鞘连合；叶片粗糙或下面平滑。圆锥花序长 9 ~ 12cm，分枝平滑，直立或斜升，有角棱，稍压扁；小穗带紫色。花果期夏秋季。

生于池塘、水田、溪沟湖旁水湿地。

# 双稃草  Leptochloa fusca（L.）Kunth

多年生；秆直立或膝曲上升，有或无分枝，高20～90cm，无毛。叶鞘平滑无毛，疏松包住节间，且通常自基部节处以上与秆分离；叶舌透明膜质；叶片常内卷，上面微粗糙，下面较平滑。圆锥花序，主轴与分枝均粗糙；小穗灰绿色，含5～10朵小花；颖果长约2mm。花果期6—9月。

生于潮湿之地。

# 五节芒 Miscanthus floridulus（Lab.）Warb. ex Schum et Laut.

多年生草本，具发达根状茎。秆高大似竹，高 2 ~ 4m，无毛，节下具白粉，叶鞘无毛，鞘节具微毛；叶舌长 1 ~ 2mm，顶端具纤毛；叶片披针状线形，长 25 ~ 60cm，宽 1.5 ~ 3cm，扁平，基部渐窄或呈圆形，顶端长渐尖，中脉粗壮隆起，两面无毛，或上面基部有柔毛，边缘粗糙。圆锥花序大型，稠密，长 30 ~ 50cm，主轴粗壮，延伸达花序的 2/3 以上，无毛；小穗卵状披针形，黄色，基盘具较长于小穗的丝状柔毛。花果期 5—10 月。

生于撂荒地、草地等。

## 芒 **Miscanthus sinensis Anderss.**

多年生苇状草本。秆高 1 ~ 2m，无毛或在花序以下疏生柔毛。叶鞘无毛，长于其节间；叶舌膜质，顶端及其后面具纤毛；叶片线形，下面疏生柔毛及被白粉，边缘粗糙。圆锥花序扇形，长 10 ~ 40cm，主轴长不超过花序之半；小穗披针形，黄色有光泽；第一颖顶具 3 ~ 4 脉，顶端渐尖，背部无毛；花果期 7—12 月。

生于路边、河边、湿地沼泽等。

## 糠 稷　Panicum bisulcatum Thunb.

一年生草本。秆纤细，较坚硬，高 0.5 ~ 1m，直立或基部伏地，节上可生根。叶鞘松弛，边缘被纤毛；叶舌膜质，长约 0.5mm，顶端具纤毛；叶片质薄，狭披针形，顶端渐尖，基部近圆形，几无毛。圆锥花序长 15 ~ 30cm，分枝纤细，斜举或平展，无毛或粗糙；小穗椭圆形，绿色或有时带紫色，具细柄。花果期 9—11 月。

生于湿地、荒野潮湿处。

## 铺地黍　Panicum repens L.

多年生草本。根茎粗壮发达。秆直立，坚挺，高 50 ~ 100cm。叶鞘光滑，边缘被纤毛；叶舌顶端被睫毛；叶片质硬，线形，干时常内卷，呈锥形，顶端渐尖，上表皮粗糙或被毛，下表皮光滑；叶舌极短，膜质，顶端具长纤毛。圆锥花序开展，分枝斜上，粗糙，具棱槽；小穗长圆形，无毛，顶端尖。花果期 6—11 月。

生于海边、溪边及潮湿之处。

## 双穗雀稗　**Paspalum distichum L.**

多年生草本。匍匐茎横走、粗壮，长达 1m，向上直立部分高 20 ~ 40cm，节生柔毛。叶鞘短于节间，背部具脊，边缘或上部被柔毛；叶片披针形，无毛。总状花序 2 枚对连；小穗倒卵状长圆形，顶端尖，疏生微柔毛。花果期 5—9 月。

生于沟谷、溪边。

# 圆果雀稗 Paspalum scrobiculatum var. orbiculare（G. Forster）Hackel

多年生草本。秆直立，丛生，高 30 ~ 90cm。叶鞘长于其节间，无毛，鞘口有少数长柔毛，基部者生有白色柔毛；叶片长披针形至线形，大多无毛。总状花序，2 ~ 10 枚相互间距排列于长 1 ~ 3cm 之主轴上，分枝腋间有长柔毛；小穗椭圆形或倒卵形，单生于穗轴一侧，覆瓦状排列成 2 行；花果期 6—11 月。

生于荒坡、草地、路旁及田间。

# 雀 稗 Paspalum thunbergii Kunth ex Steud.

多年生。秆直立，丛生，高 50 ～ 100cm，节被长柔毛。叶鞘具脊，长于节间，被柔毛；叶舌膜质；叶片线形，两面被柔毛。总状花序 3 ～ 6 枚，互生形成总状圆锥花序，分枝腋间具长柔毛；小穗椭圆状倒卵形，散生微柔毛，顶端圆或微凸；花果期 5—10 月。

生于荒野潮湿草地。

## 狼尾草　Pennisetum alopecuroides（L.）Spreng.

多年生草本。须根较粗壮。秆直立，丛生，高 30 ～ 120cm，在花序下密生柔毛。叶鞘光滑，两侧压扁，主脉呈脊，在基部者跨生状，秆上部者长于节间；叶舌具纤毛；叶片线形，先端长渐尖，基部生疣毛。圆锥花序直立；主轴密生柔毛；总梗刚毛粗糙，淡绿色或紫色米；小穗通常单生，线状披针形；颖果长圆形，花果期夏秋季。

生于水边、田岸及道旁。

# 束尾草 *Phacelurus latifolius*（Steud.）Ohwi

多年生草本。根茎粗壮发达，直径约 4mm，具纸质鳞片。秆直立，高 1 ~ 1.8m，直径 3 ~ 5mm，节上常有白粉。叶鞘无毛；叶舌厚膜质，长约 3mm，两侧有纤毛；叶片线状披针形，质稍硬，无毛。总状花序 4 ~ 10 枚，指状排列于秆顶；总状花序轴节间及小穗柄均等长或稍短于无柄小穗。无柄小穗披针形，嵌生于总状花序轴节间与小穗柄之间；颖果披针形，无腹沟。花果期夏秋季。

多成片生长在河流、海滨潮湿岸滩。

## 芦苇　Phragmites australis（Cav.）Trin. ex Steud.

多年生草本，根状茎十分发达。秆直立，具20多节，基部和上部的节间较短，节下被腊粉。叶鞘下部者短于上部者，长于其节间；叶舌边缘密生短纤毛，两侧缘毛易脱落；叶片披针状线形，无毛，顶端长渐尖成丝形。圆锥花序大型，分枝多数，着生稠密下垂的小穗；花期8—12月。

生于江河湖泽、池塘沟渠沿岸和低湿地。

# 棒头草　Polypogon fugax Nees ex Steud.

一年生。秆丛生，基部膝曲，大都光滑，高 10 ~ 75cm。叶鞘光滑无毛，大都短于或下部者长于节间；叶舌膜质，长圆形，常 2 裂或顶端具不整齐的裂齿；叶片扁平，微粗糙或下面光滑。圆锥花序穗状，长圆形或卵形，较疏松；小穗灰绿色或部分带紫色；颖果椭圆形，1 面扁平。花果期 4—9 月。

生于小河、水沟、田边、潮湿处。

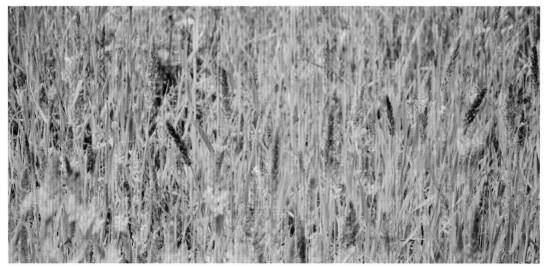

## 鹅观草　Roegneria kamoji（Ohwi）Keng et S. L. Chen

多年生草本。秆直立或基部倾斜，疏丛生，高 30 ~ 100cm。叶鞘外侧边缘常被纤毛；叶舌截平，长 0.5mm；叶片扁平，光滑或稍粗糙。穗状花序下垂，小穗绿色或呈紫色，含 3 ~ 10 朵花；颖披针形，边缘为宽膜质，顶端具 2 ~ 7mm 的短芒，有 3 ~ 5 条脉。颖果稍扁，黄褐色。

生长在湿润的草地上。

# 斑 茅 Saccharum arundinaceum Retz.

多年生高大丛生草本植物，秆粗壮，高 2～4（～6）m，直径 1～2cm，具多数节，无毛。叶鞘长于其节间；叶舌膜质，顶端截平；叶片宽大，线状披针形，无毛。圆锥花序大型，稠密，主轴无毛；总状花序轴节间与小穗柄细线形，黄绿色或带紫色。颖果长圆形，胚长为颖果之半。花果期 8—12 月。

生于河岸溪涧草地。

## 鼠尾粟　**Sporobolus fertilis（Steud.）W. D. Glayt.**

多年生。须根较粗壮且较长。秆直立，丛生，高25～120cm，基部径2～4mm，质较坚硬，平滑无毛。叶鞘疏松裹茎，下部者长于而上部者短于节间；叶片质较硬，平滑无毛。圆锥花序较紧缩呈线形，常间断，或稠密近穗形，分枝稍坚硬，直立，与主轴贴生或倾斜，但小穗密集着生其上；小穗灰绿色且略带紫色。花果期3—12月。

生于草地湿润处。

## 狗尾草　Setaria viridis（L.）Beauv.

　　一年生草本。根为须状，高大植株具支持根。秆直立或基部膝曲。叶鞘松弛，无毛或疏具柔毛或疣毛；叶舌极短；叶片扁平，长三角状狭披针形或线状披针形。圆锥花序紧密呈圆柱状或基部稍疏离；小穗 2 ~ 5 个簇生于主轴上或更多的小穗着生在短小枝上，椭圆形，先端钝；颖果灰白色。花果期 5—10 月。

　　生于河边荒野、道旁。

## 互花米草　Spartina alterniflora Lois.

　　多年生草本植物。根系发达。植株茎秆坚韧、直立，茎节具叶鞘，叶腋有腋芽。叶片互生，长披针形，具盐腺，叶表有白色粉状的盐霜出现。圆锥花序小穗侧扁，两性花；子房平滑，花药成熟时纵向开裂，花粉黄色。花果期6—12月。

　　生长于海岸带的潮汐泥滩，引进种。

# 菰 *Zizania latifolia*（Griseb.）Stapf

多年生，具匍匐根状茎。须根粗壮。秆高大直立，高 1 ~ 2m，径约 1cm，具多数节，基部节上生不定根。叶鞘长于其节间，肥厚，有小横脉；叶片扁平宽大，长 50 ~ 90cm，宽 15 ~ 30mm。圆锥花序分枝多数簇生，上升，果期开展；雄小穗长 10 ~ 15mm，两侧压扁，着生于花序下部或分枝之上部，带紫色。

菰的经济价值大，秆基嫩茎为真菌 *Ustilago edulis* 寄生后，粗大肥嫩，称茭白，是美味的蔬菜。生于水边、沼泽等地。

# 中华结缕草 *Zoysia sinica Hance*

多年生。具横走根茎。秆直立，高13～30cm，茎部常具宿存枯萎的叶鞘。叶鞘无毛，长于或上部者短于节间，鞘口具长柔毛；叶舌短而不明显；叶片淡绿或灰绿色，背面色较淡，无毛，质地稍坚硬，扁平或边缘内卷。总状花序穗形，小穗排列稍疏，伸出叶鞘外；小穗披针形或卵状披针形，黄褐色或略带紫色。颖果棕褐色，长椭圆形，长约3mm。花果期5—10月。

生于海边沙滩、河岸、路旁的草丛中。

# 28 蓼 科 *Polygonaceae*

## 蚕茧草 **Polygonum japonicum Meisn.**

多年生直立草本，高可达 1m。茎棕褐色，单一或分枝，节部通常膨大、叶披针形，先端渐尖，两面有伏毛及细小腺点，有时无毛，但叶脉及叶缘往往有紧贴刺毛；托叶鞘筒状，外面亦有紧贴刺毛，边缘睫毛较长。穗状花序，苞片有缘毛，内有 4 ~ 6 朵花，花梗伸出苞外；花被 5 裂，白色或淡红色。瘦果卵圆形，黑色而光滑；花果期 8—11 月。

野外生于水沟或路旁草丛中。

## 酸模叶蓼　*Polygonum lapathifolium* L.

一年生草本。茎直立，具分枝，无毛，节部膨大。叶披针形或宽披针形，长顶端渐尖或急尖，基部楔形，上面绿色，常有一个大的黑褐色新月形斑点，全缘，边缘具粗缘毛；叶柄短，具短硬伏毛；托叶鞘筒状，膜质。总状花序呈穗状，顶生或腋生，近直立，花紧密，通常由数个花穗再组成圆锥状，花序梗被腺体；瘦果宽卵形，双凹，黑褐色，有光泽，包于宿存花被内。花期6—8 月，果期7—9 月。

生于田边、路旁、水边、荒地或沟边湿地。

## 绵毛酸模叶蓼　Polygonum lapathifolium var. salicifolium Sibth.

茎直立，高 50 ~ 100cm，具分枝。叶互生有柄；叶片披针形至宽披针形，叶背密被白色绵毛层，叶面上有或无黑褐色斑块和毛；托叶鞘筒状，脉纹明显。花序圆锥状；花浅红色或浅绿色。瘦果卵形。

喜欢生于农田、路旁、河床等湿润处或低湿地。

## 伏毛蓼 **Polygonum pubescens Bl.**

一年生草本。茎直立，高 60 ~ 90cm，疏生短硬伏毛，带红色，中上部多分枝，节部明显膨大。叶卵状披针形或宽披针形，长 5 ~ 10cm，宽 1 ~ 2.5cm，顶端渐尖或急尖，基部宽楔形，上面绿色，中部具黑褐色斑点，两面密被短硬伏毛，边缘具缘毛；无辛辣味，叶腋无闭花受精花。叶柄稍粗壮，长 4 ~ 7mm，密生硬伏毛；托叶鞘筒状，膜质，长 1 ~ 1.5cm，具硬伏毛，顶端截形，具粗壮的长缘毛。总状花序呈穗状，顶生或腋生，花稀疏，长 7 ~ 15cm，上部下垂，下部间断；苞片漏斗状，绿色，边缘近膜质，具缘毛，每苞内具 3 ~ 4 朵花；花梗细弱，比苞片长；花被 5 深裂，绿色，上部红色，密生淡紫色透明腺点，花被片椭圆形，长 3 ~ 4mm；雄蕊 8，比花被短；花柱 3，中下部合生。瘦果卵形，具 3 棱，黑色，密生小凹点，无光泽，长 2.5 ~ 3mm，包于宿存花被内。花期 8—9 月，果期 8—10 月。

生于沟边、水旁、田边湿地。

# 齿果酸模 **Rumex dentatus L.**

　　一年生草本。茎直立，高 30 ~ 70cm，自基部分枝，枝斜上，具浅沟槽。茎下部叶长圆形或长椭圆形，顶端圆钝或急尖，基部圆形或近心形，边缘浅波状，茎生叶较小。花序总状，顶生和腋生，具叶由数个再组成圆锥状花序，多花，轮状排列，花轮间断；内花被片果时增大，三角状卵形，顶端急尖，基部近圆形，网纹明显，全部具小瘤，边缘每侧具 2 ~ 4 个刺状齿，瘦果卵形，具 3 锐棱，两端尖，黄褐色，有光泽。花期 5—6 月，果期 6—7 月。

　　生于河边湿地、路旁。

羊 蹄 **Rumex japonicus Houtt.**

　　多年生草本。茎直立,高50～100cm,上部分枝,具沟槽。基生叶长圆形或披针状长圆形, 长8～25cm,宽3～10cm,顶端急尖, 基部圆形或心, 边缘微波状, 下面沿叶脉具小突起;茎上部叶狭长圆形;花序圆锥状, 花两性, 多花轮生;花梗细长, 中下部具关节;外花被片椭圆形, 内花被片果时增大, 宽心形, 边缘具不整齐的小齿, 全部具小瘤, 小瘤长卵形。瘦果宽卵形,具3锐棱,两端尖,暗褐色,有光泽。花期5—6月, 果期6—7月。

　　生于田边路旁、河滩、沟边湿地。

# 雨久花科 *Pontederiaceae*

## 凤眼蓝 **Eichhornia crassipes（Mart.）Solme**

浮水草本。须根发达，棕黑色。茎极短，匍匐枝淡绿色。叶在基部丛生，莲座状排列；叶片圆形，表面深绿色；叶柄长短不等，内有许多多边形柱状细胞组成的气室，维管束散布其间，黄绿色至绿色；叶柄基部有鞘状黄绿色苞片；花葶多棱；穗状花序通常具 9 ~ 12 朵花；花瓣紫蓝色，花冠略两侧对称，四周淡紫红色，中间蓝色，在蓝色的中央有 1 黄色圆斑，花被片基部合生成筒。蒴果卵形。花期 7—10 月，果期 8—11 月。

生于水塘、沟渠及稻田中。

## 梭鱼草　*Pontederia cordata* L.

　　多年生挺水或湿生草本植物，株高可达 150cm，地茎叶丛生，圆筒形叶柄呈绿色，叶片较大，深绿色，表面光滑，叶形多变，但多为倒卵状披针形。花葶直立，通常高出叶面，穗状花序顶生，每条穗上密密的簇拥着几十至上百朵蓝紫色圆形小花，上方两花瓣各有两个黄绿色斑点，质地半透明，5—10 月开花结果。

　　栽植于河道两侧、池塘四周、人工湿地。

# 马齿苋科 *Portulacaceae*

## 马齿苋 **Portulaca oleracea L.**

一年生草本。茎平卧或斜倚，伏地铺散，多分枝，圆柱形，淡绿色或带暗红色。叶互生，有时近对生，叶片扁平，肥厚，倒卵形，似马齿状；叶柄粗短。花无梗，常 3 ~ 5 朵簇生枝端，午时盛开；花瓣 5，稀 4，黄色。蒴果卵球形，盖裂；种子细小，多数，偏斜球形，黑褐色。花期 5—8 月，果期 6—9 月。

为田间常见杂草，生于菜园、农田、路旁。

# 土人参 Talinum paniculatum（Jacq.）Gaertn.

一年生或多年生草本。主根粗壮，圆锥形。茎直立，肉质，基部近木质。叶互生或近对生，具短柄或近无柄，叶片稍肉质，倒卵形或倒卵状长椭圆形，全缘。圆锥花序顶生或腋生，较大形，常二叉状分枝，具长花序梗；花小；花瓣粉红色或淡紫红色。蒴果近球形，种子多数，扁圆形，黑褐色或黑色，有光泽。花期6—8月，果期9—11月。

生于阴湿地。

# 眼子菜科 *Potamogetonaceae*

## 菹 草 **Potamogeton crispus L.**

多年生沉水草本植物。茎扁圆形，具有分枝。叶条形，无柄，先端钝圆，叶缘波状并具锯齿。花序穗状。穗状花序顶生，花小，被片4，淡绿色，果实卵形，果喙长可达2mm，向后稍弯曲，背脊约1/2以下具齿牙。花果期4—7月。

生于池塘、湖泊、溪流中，静水池塘或沟渠较多，水体多呈微酸至中性。

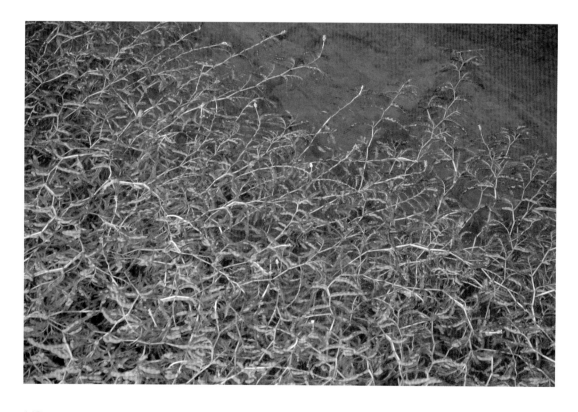

# 鸡冠眼子菜 **Potamogeton cristatus Regel et Maack**

多年生水生草本。无明显的根状茎。茎纤细，圆柱形或近圆柱形，近基部常匍匐地面，于节处生出多数纤长的须根，具分枝。叶两型；花期前全部为沉水型叶，线形，互生，无柄，全缘；近花期或开花时出现浮水叶，通常互生，在花序梗下近对生，叶片椭圆形、矩圆形或矩圆状卵形，稀披针形，革质全缘。穗状花序顶生，或呈假腋生状，具花 3 ~ 5 轮，密集；花小，被片 4；果实斜倒卵形。花果期 5—9 月。

生于静水池塘及水稻田中。

# 报春花科 *Primulaceae*

## 蓝花琉璃繁缕 Anagallis arvensis L. f. coerulea（Schreb.）Baumg

一年生匍匐柔弱草本，高达 30cm；枝条散生，茎有 4 棱，具短翅。叶对生，无柄；常向外反折；叶片卵形，有主脉 5 条，背面有紫色斑点。花单生于叶腋；花梗长 2～3cm，下弯；花萼 5 深裂；花冠蓝色。蒴果球形，果实盖裂。花期 3—5 月。

生于田野中。

# 33 毛茛科 *Ranunculaceae*

## 禺毛茛 **Ranunculus cantoniensis DC.**

多年生草本。须根伸长簇生。茎直立，上部有分枝，与叶柄均密生开展的黄白色糙毛。叶为 3 出复叶，基生叶和下部叶有长达 15cm 的叶柄；上部叶渐小，3 全裂。花序有较多花，疏生；花瓣 5；聚合果近球形，瘦果扁平，无毛，顶端弯钩状。花果期 4—7 月。

生于平原或丘陵田边、沟旁水湿地。

# 毛 茛 Ranunculus japonicas Thunb.

多年生草本。须根多数簇生。茎直立，高 30～70cm，具分枝，生开展或贴伏的柔毛。基生叶通常3深裂不达基部，两面贴生柔毛，下面或幼时的毛较密；下部叶与基生叶相似，渐向上叶柄变短，叶片较小，3深裂；最上部叶线形，全缘，无柄。聚伞花序有多数花；花瓣5。聚合果近球形，瘦果扁平，无毛，喙短直或外弯。花果期4—9月。

生于路边。

# 猫爪草 **Ranunculus ternatus Thunb.**

一年生草本植物。簇生多数肉质小块根，顶端质硬，形似猫爪，茎铺散，高可达20cm，多分枝，较柔软，大多无毛。基生叶有长柄；茎生叶无柄，叶片较小，裂片线形；花单生茎顶和分枝顶端；花瓣黄色或后变白色，倒卵形，花托无毛。聚合果近球形，瘦果卵球形，花期早，春季3月开花，4—7月结果。

生于田野湿润处。

# 84 红树科 *Rhizophoraceae*

## 秋 茄 **Kandelia candel（L.）Druce**

灌木或小乔木，具支柱根。叶革质，交互对生。花为腋生、具总花梗的二歧分枝聚伞花序；花萼 5 深裂，稀 6 或 4 裂，裂片条状，基部与子房合生并为一环状小苞片所包围；花瓣与花萼裂片同数，早落，2 裂，每一裂片再分裂为数条丝状裂片。

生于沿海滩涂上。

# 85 玄参科 *Scrophulariaceae*

## 蚊母草 Veronica peregrina L.

一年生草本植物，株高 10 ~ 25cm，通常自基部多分枝，主茎直立，侧枝披散，全体无毛或疏生柔毛。叶无柄，下部的倒披针形，上部的长矩圆形。总状花序，花梗极短；花萼裂片长矩圆形至宽条形；花冠白色或浅蓝色。蒴果倒心形，明显侧扁。种子矩圆形。花期 5—6 月。

生于潮湿的荒地、路边。

# 水苦荬 Veronica undulata Wall.

一至二年生草本植物。根状茎，茎直
立或平卧在基部，分枝或无，10 ~ 100cm
高，肉质。叶无柄，抱茎向上。叶片大多
椭圆形至卵形，边缘通常有锯齿。总状花
序腋生，长于叶，多花。花梗长于或短于
苞片。轮状花冠，淡蓝色、淡紫色或白色。
蒴果近球形，每蒴果约30粒种子，稍扁平，
两面凸。

生于水边及沼地。

水苦荬

# 茄 科 *Solanaceae*

## 龙 葵 **Solanum nigrum L.**

一年生直立草本，全草高 30 ~ 120cm；茎直立，多分枝；卵形或心型叶子互生，近全缘；夏季开白色小花，4 ~ 10 朵成聚伞花序；球形浆果，成熟后为黑紫色。

全株入药，可散瘀消肿，清热解毒，也是河边或绿化地的杂草。生于田边及村庄附近。

 菱 科 *Trapaceae*

## 欧 菱 **Trapa natans L.**

茎直径2.5 ~ 6mm，叶柄（2 ~ ）5 ~ 18cm，粗壮，上部肿胀，被短柔毛；叶片正面有光泽，深绿色，背面绿紫色，脉间常具彩点，三角菱形到扁菱形，4 ~ 6cm×4 ~ 8cm，背面短柔毛，背面无毛，基部宽楔形，边缘上部不规则具齿。花瓣白色，7 ~ 10mm。果倒圆锥形到短菱形，有2 ~ 4个角，顶部突出到一薄肋，冠方到圆形，或圆顶形，很少无冠，喙圆锥形或一簇毛；角水平，上升，或下弯，平三角形或宽圆锥，先端具小尖或栽培无倒钩。花期5—10月，果期7—11月。

生于流动缓慢的河流、湖泊、沼泽、池塘等。

香蒲科 *Typhaceae*

## 水 烛　Typha angustifolia L.

　　多年生，水生或沼生草本。地上茎直立，粗壮。叶片上部扁平，中部以下腹面微凹，背面向下逐渐隆起呈凸形；叶鞘抱茎。雌花序粗大，柱状，长 15 ~ 30cm。种子深褐色，长约 1 ~ 1.2mm。花果期6—9月。

　　生于湖泊、河流、池塘浅水处，水深稀达1m或更深，沼泽、沟渠亦常见，当水体干枯时可生于湿地及地表龟裂环境中。

马鞭草科 *Verbenaceae*

## 马鞭草 **Verbena officinalis L.**

多年生直立草本植物，高可达 120cm，基部木质化，单叶对生，卵形至长卵形，两面被硬毛，下面脉上的毛尤密。顶生或腋生的穗状花序，花蓝紫色，无柄，花萼膜质，筒状，花冠微呈二唇形，花丝极短；子房无毛，果包藏于萼内，小坚果。花果期 6—10 月。

生于路边、溪边等。

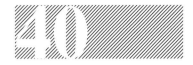

# 葡萄科 *Vitaceae*

## 乌蔹莓 **Cayratia japonica（Thunb.）Gagnep.**

　　草质藤本。小枝圆柱形，有纵棱纹，无毛或微被疏柔毛。卷须2～3叉分枝，相隔2节间断与叶对生。叶分为鸟足状5小叶，中央小叶长椭圆形或椭圆披针形。花序腋生，复二歧聚伞花序。果实近球形；种子三角状倒卵形。花期3—8月，果期8—11月。

　　生于河边等地。

第 4 章

# 植物名录

| 植物名录 | 科　名 | 科英文名 | 拉丁名 | 生活型 |
|---|---|---|---|---|
| 菖蒲 | 菖蒲科 | Acoraceae | *Acorus calamus* L. | 挺水 |
| 喜旱莲子草 | 苋科 | Amaranthaceae | *Alternanthera philoxeroides*（Mart.）Griseb. | 挺水或中生 |
| 莲子草 | 苋科 | Amaranthaceae | *Alternanthera sessilis*（L.）DC. | 中生 |
| 刺苋 | 苋科 | Amaranthaceae | *Amaranthus spinosus* L. | 中生 |
| 南美天胡荽 | 伞形科 | Apiaceae | *Hydrocotyle verticillata* Thunb. | 挺水 |
| 水芹 | 伞形科 | Apiaceae | *Oenanthe javanica*（BL.）DC. | 湿生 |
| 窃衣 | 伞形科 | Apiaceae | *Torilis scabra*（Thunb.）DC. | 中生 |
| 芋 | 天南星科 | Araceae | *Colocasia esculenta*（L.）Schott. | 湿生 |
| 大薸 | 天南星科 | Araceae | *Pistia stratiotes* L. | 漂浮 |
| 藿香蓟 | 菊科 | Asteraceae | *Ageratum conyzoides* L. | 中生 |
| 艾蒿 | 菊科 | Asteraceae | *Artemisia argyi* H. Lév. et Vaniot | 中生 |
| 野艾蒿 | 菊科 | Asteraceae | *Artemisia lavandulifolia* DC. | 中生 |
| 钻叶紫菀 | 菊科 | Asteraceae | *Aster subulatus*（Michx.）G. L. Nesom | 湿生 |
| 大花鬼针草 | 菊科 | Asteraceae | *Bidens alba*（L.）DC. | 中生或湿生 |
| 大狼杷草 | 菊科 | Asteraceae | *Bidens frondosa* L. | 湿生 |
| 鬼针草 | 菊科 | Asteraceae | *Bidens pilosa* L. | 中生或湿生 |
| 鳢肠 | 菊科 | Asteraceae | *Eclipta prostrata*（L.）L. | 湿生 |
| 小蓬草 | 菊科 | Asteraceae | *Erigeron canadensis* L. | 中生 |

| 植物名录 | 科 名 | 科英文名 | 拉丁名 | 生活型 |
|---|---|---|---|---|
| 睫毛牛膝菊 | 菊科 | Asteraceae | *Galinsoga parviflora* Cav. | 中生 |
| 台湾翅果菊 | 菊科 | Asteraceae | *Lactuca formosana* Maxim. | 中生 |
| 翅果菊 | 菊科 | Asteraceae | *Lactuca indica* L. | 中生 |
| 苦苣菜 | 菊科 | Asteraceae | *Sonchus oleraceus* L. | 湿生 |
| 碱菀 | 菊科 | Asteraceae | *Tripolium pannonicum*（Jacq.）Dobrocz. | 湿生 |
| 黄鹌菜 | 菊科 | Asteraceae | *Youngia japonica*（L.）DC. | 中生 |
| 碎米荠 | 十字花科 | Brassicaceae | *Cardamine hirsuta* L. | 湿生 |
| 葎草 | 大麻科 | Cannabaceae | *Humulus scandens*（Lour.）Merr. | 中生 |
| 大花美人蕉 | 美人蕉科 | Cannaceae | *Canna × generalis* L. H. Bailey et E. Z. Bailey | 中生或湿生 |
| 漆姑草 | 石竹科 | Caryophyllaceae | *Sagina japonica*（Sw.）Ohwi | 中生或湿生 |
| 灰绿藜 | 藜科 | Chenopodiaceae | *Chenopodium glaucum* L. | 中生 |
| 土荆芥 | 藜科 | Chenopodiaceae | *Chenopodium ambrosioides* L. | 中生 |
| 盐角草 | 藜科 | Chenopodiaceae | *Salicornia europaea* L. | 湿生植物 |
| 南方碱蓬 | 藜科 | Chenopodiaceae | *Suaeda australis*（R. Br.）Moq. | 中生 |
| 碱蓬 | 藜科 | Chenopodiaceae | *Suaeda glauca*（Bunge）Bunge | 中生 |
| 盐地碱蓬 | 藜科 | Chenopodiaceae | *Suaeda salsa*（L.）Pall. | 中生 |
| 饭包草 | 鸭跖草科 | Commelinaceae | *Commelina bengalensis* L. | 中生 |
| 鸭跖草 | 鸭跖草科 | Commelinaceae | *Commelina communis* L. | 中生 |

| 植物名录 | 科　名 | 科英文名 | 拉丁名 | 生活型 |
|---|---|---|---|---|
| 水竹叶 | 鸭跖草科 | Commelinaceae | *Murdannia triquetra*（Wall. ex C. B. Clarke）Brückn. | |
| 盒子草 | 葫芦科 | Cucurbitaceae | *Actinostemma tenerum* Griff. | 中生或挺水 |
| 扁秆荆三棱 | 莎草科 | Cyperaceae | *Bolboschoenus planiculmis*（F. Schmidt）T. V. Egorova | 湿生 |
| 风车草 | 莎草科 | Cyperaceae | *Cyperus alternifolius* Linn. ssp. *flabelliformis*（Rottb.）Kukenth. | 挺水或湿生 |
| 糙叶薹草 | 莎草科 | Cyperaceae | *Carex scabrifolia* Steud. | 湿生植物 |
| 纸莎草 | 莎草科 | Cyperaceae | *Cyperus papyrus* L. | 湿生 |
| 香附子 | 莎草科 | Cyperaceae | *Cyperus rotundus* L. | 中生或湿生 |
| 水虱草 | 莎草科 | Cyperaceae | *Fimbristylis littoralis* Graudich. | 湿生 |
| 短叶水蜈蚣 | 莎草科 | Cyperaceae | *Kyllinga brevifolia* Rottb. | 中生或湿生 |
| 铁苋菜 | 大戟科 | Euphorbiaceae | *Acalypha australis* L. | 中生 |
| 飞扬草 | 大戟科 | Euphorbiaceae | *Euphorbia hirta* L. | 中生 |
| 地锦草 | 大戟科 | Euphorbiaceae | *Euphorbia humifusa* Willd. ex Schlecht. | 中生 |
| 野老鹳草 | 牻牛儿苗科 | Geraniaceae | *Geranium carolinianum* L. | 中生 |
| 粉绿狐尾藻 | 小二仙草科 | Haloragaceae | *Myriophyllum aquaticum*（Vell.）Verdc. | 挺水 |
| 穗状狐尾藻 | 小二仙草科 | Haloragaceae | *Myriophyllum spicatum* L. | 沉水 |
| 密刺苦草 | 水鳖科 | Hydrocharitaceae | *Vallisneria denseserrulata*（Makino）Makino | 沉水 |
| 苦草 | 水鳖科 | Hydrocharitaceae | *Vallisneria natans*（Lour.）Hara | 沉水 |
| 鸢尾 | 鸢尾科 | Iridaceae | *Iris tectorum* Maxim. | 中生 |

| 植物名录 | 科 名 | 科英文名 | 拉丁名 | 生活型 |
|---|---|---|---|---|
| 灯心草 | 灯心草科 | Juncaceae | *Juncus effusus* L. | 湿生或挺水 |
| 风轮菜 | 唇形科 | Lamiaceae | *Clinopodium chinense* （Benth.）O. Kuntze. | 中生 |
| 益母草 | 唇形科 | Lamiaceae | *Leonurus japonicus* Houtt. | 中生 |
| 石香薷 | 唇形科 | Lamiaceae | *Mosla chinensis* Maxim. | 中生 |
| 迷迭香 | 唇形科 | Lamiaceae | *Rosmarinus officinalis* L. | 中生 |
| 浮萍 | 浮萍科 | Lemnaceae | *Lemna minor* L. | 漂浮 |
| 紫萍 | 浮萍科 | Lemnaceae | *Spirodela polyrhiza* （L.）Schleid. | 漂浮 |
| 荇菜 | 睡菜科 | Menyanthaceae | *Nymphoides peltata* （S. G. Gmel.）Kuntze | 浮叶根生 |
| 莲 | 莲科 | Nelumbonaceae | *Nelumbo nucifera* Gaertn. | 挺水 |
| 红睡莲 | 睡莲科 | Nymphaeaceae | *Nymphaea rubra* Roxb. ex Andrews | 浮叶根生 |
| 丁香蓼 | 柳叶菜科 | Onagraceae | *Ludwigia prostrata* Roxb. | 挺水或湿生 |
| 草木樨 | 蝶形花科 | Papilionaceae | *Melilotus officinalis* （L.）Pall. | 中生或湿生 |
| 田菁 | 蝶形花科 | Papilionaceae | *Sesbania cannabina* （Retz.）Poir. | 中生或湿生 |
| 看麦娘 | 禾本科 | Poaceae | *Alopecurus aequalis* Sobol. | 中生 |
| 茵草 | 禾本科 | Poaceae | *Beckmannia syzigachne* （Steud.）Fern. | 湿生或挺水 |
| 扁穗雀麦 | 禾本科 | Poaceae | *Bromus catharticus* Vahl. | 中生 |
| 蒲苇 | 禾本科 | Poaceae | *Cortaderia selloana* （Schult.）Aschers. et Graebn. | 中生 |
| 狗牙根 | 禾本科 | Poaceae | *Cynodon dactylon* （L.）Pers. | 中生 |
| 毛马唐 | 禾本科 | Poaceae | *Digitaria ciliaris* var. *chrysoblephara* （Figari & De Notaris）R. R. Stewart | 中生 |

| 植物名录 | 科　名 | 科英文名 | 拉丁名 | 生活型 |
|---|---|---|---|---|
| 稗 | 禾本科 | Poaceae | *Echinochloa crusgalli*（L.）P. Beauv. | 挺水或湿生 |
| 小旱稗 | 禾本科 | Poaceae | *Echinochloa crusgalli* var. *austrojaponensis* Ohwi | 挺水或湿生 |
| 无芒稗 | 禾本科 | Poaceae | *Echinochloa crusgalli* var. *mitis* （Pursh）Petermann | 挺水或湿生 |
| 牛筋草 | 禾本科 | Poaceae | *Eleusine indica*（L.）Gaertn. | 中生 |
| 假俭草 | 禾本科 | Poaceae | *Eremochloa ophiuroides* （Munro）Hack. | 中生 |
| 大牛鞭草 | 禾本科 | Poaceae | *Hemarthria altissima*（Poir.）Stapf et C. E. Hubb. | 湿生 |
| 大白茅 | 禾本科 | Poaceae | *Imperata cylindrica* var. *major*（Nees）C. B. Hubb. | 中生或湿生 |
| 假稻 | 禾本科 | Poaceae | *Leersia japonica*（Makino）Honda | 湿生或挺水 |
| 双稃草 | 禾本科 | Poaceae | *Leptochloa fusca*（L.）Kunth | 湿生 |
| 五节芒 | 禾本科 | Poaceae | *Miscanthus floridulus*（Lab.）Warb. ex Schum. et Laut. | 中生 |
| 芒 | 禾本科 | Poaceae | *Miscanthus sinensis* Anderss. | 中生 |
| 糠稷 | 禾本科 | Poaceae | *Panicum bisulcatum* Thunb. | 中生 |
| 铺地黍 | 禾本科 | Poaceae | *Panicum repens* L. | 湿生 |
| 双穗雀稗 | 禾本科 | Poaceae | *Paspalum distichum* L. | 湿生或挺水 |
| 圆果雀稗 | 禾本科 | Poaceae | *Paspalum scrobiculatum* var. *orbiculare* （G. Forst.）Hack. | 中生 |
| 雀稗 | 禾本科 | Poaceae | *Paspalum thunbergii* Kunth ex Steud. | 中生或湿生 |
| 狼尾草 | 禾本科 | Poaceae | *Pennisetum alopecuroides*（L.）Spreng. | 中生 |
| 束尾草 | 禾本科 | Poaceae | *Phacelurus latifolius*（Steud.）Ohwi | 湿生 |

| 植物名录 | 科 名 | 科英文名 | 拉丁名 | 生活型 |
|---|---|---|---|---|
| 芦苇 | 禾本科 | Poaceae | *Phragmites australis*（Cav.）Trin. ex Steud. | 湿生或挺水 |
| 棒头草 | 禾本科 | Poaceae | *Polypogon fugax* Nees ex Steud. | 湿生或中生 |
| 鹅观草 | 禾本科 | Poaceae | *Roegneria kamoji*（Ohwi）Keng et S. L. Chen | 中生 |
| 斑茅 | 禾本科 | Poaceae | *Saccharum arundinaceum* Retz. | 中生或湿生 |
| 狗尾草 | 禾本科 | Poaceae | *Setaria viridis*（L.）Beauv. | 中生 |
| 互花米草 | 禾本科 | Poaceae | *Spartina alterniflora* Lois. | 挺水 |
| 鼠尾粟 | 禾本科 | Poaceae | *Sporobolus fertilis*（Steud.）W. D. Glayt. | 中生 |
| 菰 | 禾本科 | Poaceae | *Zizania latifolia*（Griseb.）Stapf | 挺水 |
| 中华结缕草 | 禾本科 | Poaceae | *Zoysia sinica* Hance | 中生 |
| 蚕茧草 | 蓼科 | Polygonaceae | *Polygonum japonicum* Meisn. | 湿生 |
| 酸模叶蓼 | 蓼科 | Polygonaceae | *Polygonum lapathifolium* L. | 湿生或挺水 |
| 绵毛酸模叶蓼 | 蓼科 | Polygonaceae | *Polygonum lapathifolium* var. *salicifolium* Sibth. | 湿生或挺水 |
| 马蓼 | 蓼科 | Polygonaceae | *Polygonum longisetum* L. | 中生 |
| 伏毛蓼 | 蓼科 | Polygonaceae | *Polygonum pubescens* Bl. | 中生或湿生 |
| 齿果酸模 | 蓼科 | Polygonaceae | *Rumex dentatus* L. | 湿生 |
| 羊蹄 | 蓼科 | Polygonaceae | *Rumex japonicus* Houtt. | 挺水或湿生 |
| 凤眼蓝 | 雨久花科 | Pontederiaceae | *Eichhornia crassipes*（Mart.）Solms | 漂浮 |
| 梭鱼草 | 雨久花科 | Pontederiaceae | *Pontederia cordata* L. | 挺水 |

| 植物名录 | 科　名 | 科英文名 | 拉丁名 | 生活型 |
|---|---|---|---|---|
| 马齿苋 | 马齿苋科 | Portulacaceae | *Portulaca oleracea* L. | 中生 |
| 土人参 | 马齿苋科 | Portulacaceae | *Talinum paniculatum*（Jacq.）Gaertn. | 中生 |
| 菹草 | 眼子菜科 | Potamogetonaceae | *Potamogeton crispus* L. | 沉水 |
| 鸡冠眼子菜 | 眼子菜科 | Potamogetonaceae | *Potamogeton cristatus* Regel et Maack | 浮叶根生 |
| 蓝花琉璃繁缕 | 报春花科 | Primulaceae | *Anagallis arvensis* L. f. *coerulea*（Schreb.）Baumg | 中生 |
| 禺毛茛 | 毛茛科 | Ranunculaceae | *Ranunculus cantoniensis* DC. | 湿生 |
| 毛茛 | 毛茛科 | Ranunculaceae | *Ranunculus japonicus* Thunb. | 中生 |
| 猫爪草 | 毛茛科 | Ranunculaceae | *Ranunculus ternatus* Thunb. | 湿生 |
| 秋茄 | 红树科 | Rhizophoraceae | *Kandelia candel*（L.）Druce. | 湿生植物 |
| 蚊母草 | 玄参科 | Scrophulariaceae | *Veronica peregrina* L. | 湿生 |
| 水苦荬 | 玄参科 | Scrophulariaceae | *Veronica undulata* Wall. | 挺水或湿生 |
| 龙葵 | 茄科 | Solanaceae | *Solanum nigrum* L. | 中生 |
| 欧菱 | 菱科 | Trapaceae | *Trapa natans* L. | 浮叶根生 |
| 水烛 | 香蒲科 | Typhaceae | *Typha angustifolia* L. | 挺水 |
| 马鞭草 | 马鞭草科 | Verbenaceae | *Verbena officinalis* L. | 中生 |
| 乌蔹莓 | 葡萄科 | Vitaceae | *Cayratia japonica*（Thunb.）Gagnep. | 中生 |

# 玉环常见外来入侵
# 水生、湿生植物

| 序号 | 植物名称 | 科名 | 拉丁名 | 原产地 | 对环境危害性 |
|---|---|---|---|---|---|
| 1 | 旱莲子草 | 苋科 | *Alternanthera philoxeroides*（Mart.）Griseb. | 南美洲 | 危害严重 |
| 2 | 刺苋 | 苋科 | *Amaranthus spinosus* L. | 南美洲 | 危害较轻 |
| 3 | 南美天胡荽 | 伞形科 | *Hydrocotyle verticillata* Thunb. | 南美洲 | 危害中度 |
| 4 | 芋 | 天南星科 | *Colocasia esculenta*（L.）Schott. | 印度 | 危害较轻 |
| 5 | 大薸 | 天南星科 | *Pistia stratiotes* L. | 南美洲 | 危害严重 |
| 6 | 藿香蓟 | 菊科 | *Ageratum conyzoides* L. | 中南美洲 | 危害中度 |
| 7 | 钻叶紫菀 | 菊科 | *Aster subulatus*（Michx.）G. L. Nesom | 北美洲 | 危害中度 |
| 8 | 大花鬼针草 | 菊科 | *Bidens alba*（L.）DC. | 中美洲 | 危害严重 |
| 9 | 大狼耙草 | 菊科 | *Bidens frondosa* L. | 北美洲 | 危害中度 |
| 10 | 鬼针草 | 菊科 | *Bidens pilosa* L. | 美洲 | 危害中度 |
| 11 | 小蓬草 | 菊科 | *Erigeron canadensis* L. | 北美洲 | 危害中度 |
| 12 | 睫毛牛膝菊 | 菊科 | *Galinsoga parviflora* Cav. | 中南美洲 | 危害较轻 |
| 13 | 大花美人蕉 | 美人蕉科 | *Canna x generalis* L. H. Bailey et E. Z. Bailey | 中南美洲 | 危害较轻、观赏 |
| 14 | 土荆芥 | 藜科 | *Chenopodium ambrosioides* L. | 中南美洲 | 危害较轻 |
| 15 | 风车草 | 莎草科 | *Cyperus alternifolius* Linn. ssp. *flabelliformis*（Rottb.）kenth. | 非洲 | 危害较轻、观赏 |
| 16 | 纸莎草 | 莎草科 | *Cyperus papyrus* L. | 非洲 | 危害较轻、观赏 |
| 17 | 粉绿狐尾藻 | 小二仙草科 | *Myriophyllum aquaticum* | 南美洲 | 危害中度、可控 |
| 18 | 迷迭香 | 唇形科 | *Rosmarinus officinalis* L. | 欧洲 北非 | 危害较轻、观赏 |

| 序号 | 植物名称 | 科名 | 拉丁名 | 原产地 | 对环境危害性 |
|------|----------|------|--------|--------|--------------|
| 19 | 扁穗雀麦 | 禾本科 | *Bromus catharticus* Vahl. | 北美洲 | 危害较轻 |
| 20 | 蒲苇 | 禾本科 | *Cortaderia selloana*（Schult.）Aschers. et Graebn. | 美洲 | 危害较轻、观赏 |
| 21 | 互花米草 | 禾本科 | *Spartina alterniflora* Lois. | 美洲 | 危害严重 |
| 22 | 菰 | 禾本科 | *Zizania latifolia*（Griseb.）Stapf | 东亚 | 危害较轻、食用 |
| 23 | 凤眼蓝 | 雨久花科 | *Eichhornia crassipes*（Mart.）Solms | 美洲 | 危害严重 |
| 24 | 梭鱼草 | 雨久花科 | *Pontederia cordata* L. | 美洲 | 危害较轻、观赏 |
| 25 | 土人参 | 马齿苋科 | *Talinum paniculatum*（Jacq.）Gaertn. | 美洲 | 危害较轻 |

# 参考文献

吴征镒.中国植被.北京：科学出版社，1980.

方精云等.《中国植被志》的植被分类系统、植被类型划分及编排体系.植物生态学报，2020，44(2)：96-110.

郭柯等.中国植被分类系统修订方案.植物生态学报，2020，44(2)：111‑127.

王国宏等.《中国植被志》研编内容与规范.植物生态学报，2020，44(2)：128‑178.